LOCUS

LOCUS

catch

catch your eyes ; catch your heart ; catch your mind······

我家先生送的第一份「用心」禮物。

謹將此書獻給我的摯愛，一個偉大的男人——Matthias Möhlig

謝謝你帶我闖進了這個奇幻的旅程
非常滿足和享受這其中我們共同經歷的一切
由衷的感謝你全力的支持和付出

Wir lieben dich

PHOEBE'S SUPPER CLUB IN

 Berlin

留 味 東 柏 林

從台灣到德國, 串連全世界的隱藏美味

Phoebe Wang

 著

Catch 208

留味東柏林
——從台灣到德國，串聯全世界的隱藏美味

作者	Phoebe Wang
攝影	Phoebe Wang、Nicola Walsh
	柏林地區圖片，感謝沈文君提供。
	P.80 至 89 圖片，感謝 Tobias & Carolina 提供
	P.112 至 123 圖片，感謝 Lili 餐廳提供。
責任編輯	鍾宜君
校對	呂佳真
美術設計	犬良設計、林曉涵
法律顧問	全理法律事務所董安丹律師
出版者	大塊文化出版股份有限公司
	台北市 105 南京東路四段 25 號 11 樓
	www.locuspublishing.com
	讀者服務專線：0800-006689
	TEL：(02) 87123898　FAX：(02) 87123897
	郵撥帳號：18955675
	戶名：大塊文化出版股份有限公司
	e-mail:locus@locuspublishing.com
總經銷	大和書報圖書股份有限公司
地址	新北市新莊區五工五路 2 號
	TEL：(02) 89902588 (代表號)　FAX：(02) 22901658
製版	瑞豐實業股份有限公司
初版一刷	2014 年 9 月
定價	新台幣 380 元

ISBN 978-986-213-538-9

Printed in Taiwan

目 錄

我所認識的美食藝術家

中華民國駐德國大使 陳華玉

　　還記得第一次受邀到 Phoebe 家作客的情景，那時我剛到柏林不久，對她並不太熟悉，只聽說有位長髮、打扮入時的台灣女子，不僅做得一手道地的法國菜又很好客。

　　那次作客從進門開始就是驚喜，Phoebe 的家佈置得很細緻，從燈飾、盆栽、擺飾……都看得出女主人的用心。當大夥兒坐在客廳聊天，享受餐前酒時，Phoebe 一邊氣定神閒的介紹今天的酒，一邊悠哉地陪客人聊天。不一會，她便端出第一道前菜，用兩種不同顏色的醃製橄欖，放在兩只像獨木舟一樣細長的磁盤裡，餐具與食材的搭配產生了畫龍點睛的效果，令人印象深刻。

　　坐上餐桌後，菜單又令人眼睛一亮，每一道菜名從七個字到十五個字，像詩句一樣，我印象最深的幾道菜是：讓人吃完了還想再要一份的「布根地烤焗田螺」；口感好極了的「水波蛋野菇核果沙拉」；吃起來格外與眾不同的主菜「香烤菲力佐干邑羊肚菇醬汁」。她不但燒得一手好菜，更說得一口好菜，經過她一道道介紹食材、配料、醬汁，讓客人不但嚐到法國菜，也認識了法國菜的特色，心領神會之後，真正感受到何謂「美食饗宴」。

　　隔一個月要在家宴請政要，我立刻想到 Phoebe，她也爽快地答應了，並保證做一桌比上次在她家更精采的法式大餐。可惜我在官舍宴客一向只請中菜，再好的法式大餐，我的德國賓客也無福享受。因為，美食是中華文化之一，也是我們在外館宣介的亮點之一。Phoebe 毫不猶疑的照樣配合，她電郵傳來一份中式菜單，從涼拌、麻辣、清蒸、醬爆、煨燉都有。嗯，很不錯，我馬上照單全收。

　　當晚，德國賓客對每道料理都讚不絕口。清蒸蝦球豆腐已很鮮美，再佐以珍菇醬汁，更是捉住到老外的重口味；「國粹煨燉東坡嫩肉」讓人看到它就想到故宮寶藏「肉形石」，而入口即化的柔嫩，真是人間美味！甜點「黑芝麻湯圓佐黑糖荔枝醬汁」，她將法式常用的醬汁做法用到中菜上，發揮創意又別具風味，每位客人都把餐盤的醬汁抹得乾乾淨淨，一滴也捨不得留下，你就知道這醬汁有多經典！

每上一道菜，打扮入時的 Phoebe，甩著黝黑的長髮，優雅的走進客廳，好整以暇的根本不像剛從廚房鑽出來的主廚。上菜時她也用英文介紹每一道菜，讓外國客人不但嘗到也認識到中華美食的精髓，個個頻頻點頭，飽足和滿意溢於言表。我這做主人的，當然也很有面子。

　　而後，我也和 Phoebe 愈來愈熟悉。她很念舊，常常提起到法國拜師求藝，那些大廚老師們如何傾囊相授，還有她的感激和念念不忘。她也是個絕頂聰明的女子，不但巧手慧心做得一手好菜，妝扮入時，思想、言行都走在時代尖端，還能言善道，口才一流。我眼中的 Phoebe 不只是廚藝精進的傑出主廚，更是一位美食藝術家。

My Taiwanese Daughter

Willhelm Möhlig

When I announced the birth of a further great-great son to my late mother，mentioning that he had Chinese roots，she replied："Are we not a global family? We have successfully integrated Japanese and African members. Why should we not welcome Chinese members too? And after a while，when she held her new great-great son Sebastian in her arms，she gently rocked him and sang a lullaby for him, although for years she had kept on pretending that she had lost her former singer's voice and hence stopped singing.

In fact, my mother was right in characterising our family as global at least as far as internal communication is concerned. Around the dining table, we are used to converse in German, French, Dutch, Swahili, and in English. Since Phoebe has joined our family, Chinese has become a regular medium too. This is not only because Phoebe introduced many Chinese friends to our house, but mainly due to our bilingual grandson Sebastian who is a master in Chinese and in German.

Of course, language culture is not the only enrichment we owe to our Chinese daughter-in law. Phoebe has a special gift. She is an excellent and creative cook of international standards specialising in French and Chinese cuisine. Indeed, she practices cooking as an art, where the composition of the menu as well as the presentation of the results in selected pots and dishes in the midst of carefully designed table decorations likewise plays an important role. Whenever we meet either in Berlin or in Cologne, we benefit from her cooking skills. In our perspective, nobody else knows better how to prepare Ratatouille, Coque-au-vin, Poet's Pork, Dumplings, or Chinese Hotpot.

We as Phoebe's parents-in-law admire her for how quickly she accommodated to her new German environment. Within very short, she succeeded in finding a prominent place in all our hearts. Outside our family, she has convincingly demonstrated that both her cheerful disposition and her culinary art are capable of bringing together people from all parts of the globe and make them share their thoughts and ideas realising that they are not as different as they might have thought before. Phoebe is building bridges across cultures and societies true to the "global" spirit of our family that my mother evoked when she welcomed her some years ago.

我的台灣女兒

Willhelm Möhlig

　　我和母親說，我們即將迎接另一個孫子的到來，並且告訴她這孩子擁有中國的血統。媽媽說：「我們家庭就像個地球村。我們成功地接納了來自日本和非洲的成員。因此，我們怎麼能有理由不歡迎這位來自中國的成員呢？」話說完沒多久，我母親便把她的孫子 Sebastian 抱在懷裡，溫柔地為他唱著搖籃曲。儘管她這幾年來已不再唱歌，老說自己年輕時如歌者般的歌喉已不再。

　　事實上，我的母親形容我們的家庭就像地球村，一點也沒錯，至少可以從我們家裡對話時國際化的程度看出來。在餐桌上，我們使用德語、法語、荷蘭語、斯瓦希里語和英語交談。自從 Phoebe 加入我們的家庭後，中文也成了我們平常溝通的媒介。這並不僅因為 Phoebe 替我們介紹了許多中國的朋友，就連我們的孫子 Sebastian 也同樣懂得德文和中文。

　　當然，我們的台灣女兒 Phoebe 不單單只在語言文化上豐富了我們家庭。她還有一個獨特的天分──她是位傑出且富有創意的廚師，尤其是在她專業的法式和中國料理上。事實上，她的廚藝猶如藝術，從菜單組合整體呈現──精挑細選的碗盤，精緻地排放在設計好的餐桌上，這些小細節都包含在她呈現的藝術中重要的一環。在柏林也好、在科隆也好，每次我們碰面，我總會為她的廚藝折服。在我們心目中，沒有人比她更了解普羅旺斯燉菜、法式紅酒燉雞、東坡肉、水餃和中式火鍋等。

　　身為 Phoebe 的公婆，我們很佩服她這麼快就能融入德國這個全新的環境。在很短的時間內，我們就發現 Phoebe 已經占據我們心中一處永恆的位置。離開家門在外，Phoebe 同樣用她充滿元氣的性格以及高超的廚藝，讓來自世界各地的朋友聚集在一起，分享她的想法和創意。原來世界上的人們並非我們原先所想地那麼不同。Phoebe 建造了一座跨越文化和社會的橋樑，體現真正的「全球化」精神。這精神也正是多年前我母親歡迎她加入我們家庭時所提到的。

中西合璧之美

德國漢堡大學藝術史研究所所長　傅無為 (Uwe Fleckner)

台北國立故宮博物院自 1949 年國民黨將北京故宮最珍貴的文物帶到台灣後，這裡就收藏著它的珍寶級文物。最受參觀者關注的不是一幅著名的山水畫，不是一尊唐三彩，也不是一個明代的花瓶；而是兩件根本不特別突出的、在西方人的眼中甚至可以說是古怪的展品，但當排長隊耐心等候的遊客們終於站在這兩個展品櫃前時，他們的目光中閃爍著驚奇，被一小棵白菜和一塊五花肉牢牢地吸引住了。

不錯，就是一小棵白菜和一塊燉五花肉。不過這可不是世俗中的食物，而是兩件清代不知名工匠的翠玉雕刻作品和鑲嵌著貴重黃金底座的瑪瑙作品。它巧妙地運用玉石的自然色澤和紋理，將原本不完美的甚至說是有缺陷的（有裂縫、含有不透明的夾雜物或劣質色層）劣等原石完美地塑造成了栩栩如生的蔬菜和肉。

所以說，台北能夠造就出像 Phoebe 這樣不尋常的廚藝大師也就不足為奇了。Phoebe 在巴黎和蔚藍海岸專研法國傳統高級料理的精華，在成為專業廚師之前，曾攻讀中國古典藝術。她於 1996 年在台北開的 Louis XIV 歐法料理餐廳，被飲食評論家們評為台灣最地道的法國餐廳。

2009 年，Phoebe 和家人一起移居到柏林，她決定加入當時剛剛起步的 Supper Club，開了自己的私宅餐廳，並在那裡不定期地交叉舉辦中式和法式晚宴。自此她每次都以獨特的飲食作品款待那些幸運的客人（最多不超過十二位），她的這些創作也讓 Phoebe in Berlin 於 2011 年度被英國《Guardian》報紙評選為德國柏林十大最佳 Supper Club 之一。

一旦踏進 Phoebe 和她先生用來宴客的起居室，你可以開始充滿了期待與熱情，將和未曾謀面的朋友共進晚餐。他們從世界各地齊聚柏林，近年來柏林這個城市與舊金山、香港及新加坡，才慢慢開始在餐飲文化上競賽角逐卻頗具成果。這些賓客晚餐的對話不時圍繞著飲食、烹飪和旅行，但最重要的還是 Phoebe 呈上的料理，讓我在這裡的每一次晚餐都成為難以忘懷的經歷。

晚餐由中西合併的開胃小菜開始——酥炸新鮮山葵風味橄欖佐鮮鳳梨與飛魚卵，也

可能是蜜漬甜薯與南瓜籽，以意想不到的味覺邂逅開啟我們的脾胃。

接著是三道的前菜——荷葉糯米雞、麻油炒彩椒黑木耳杏鮑菇，一盤子佳餚如誘人的寫生靜物，光看就知道這無疑是頂級菜餚。而主菜上的是傳統的清蒸鱈魚和經典醉雞，皆是經典中菜的精緻改良版。

最後的甜點則讓人期望這樣的夜晚永遠不要結束——芝麻湯圓佐黑糖荔枝醬汁與核桃仁，帶來出乎意料、深厚又多層次的甘甜；豆漿奶酪與蜜漬金桔佐紅黃酒黑糖醬汁，其酸甜有如音符一般，並注入絲一般的潤滑口感。

Phoebe 創造了具有自己獨特風格的料理。她將歐洲的食材與她定期從遙遠的台灣帶到德國的家鄉材料結合。這並不僅僅是飲食地理位置上的移動。事實上她透過自己的創意結合她深厚的法國廚藝基礎，將博大精深、獨一無二的中國傳統飲食推向了一個新的里程。

她解構中國各地的地方風味及經典的菜餚，通過不同的烹調方式將其推陳出新，產生出無與倫比的創意作品。在這裡我們可以看到滋味濃重的中餐經由法國傳統高級料理的成熟工藝變得清爽精緻。簡而言之 Phoebe 料理詮釋了飲食文化的真正融合。在這裡東方與西方、中國與歐洲的精華結合成一塊美玉，達到了完美與和諧的最佳境界——中西合璧。

我與我的太太於 2013 年 5 月首次到 Phoebe 的 Supper Club 作客，那天我們品嘗的第八道菜是慢火煨燉東坡嫩肉（如今我們也了解為甚麼八在中國是一個幸運數字），也就是以北宋著名詞人和政治家蘇東坡命名的東坡肉，他曾在著名的《豬肉頌》中讚頌小火慢煨為烹調他所鍾愛的肉食的最佳方法。在這裡我們又再一次見到了台北故宮博物院的五花肉塊，不過不是放在展示櫃中僅供觀賞，而是放在一個小碗中，芳香四溢，可以食用，米酒、生薑、焦糖的香味及肉塊入口即化。它的奧妙在於大師將含有大量脂肪，並不高雅，略為樸拙的材料轉化為無比華美的藝術作品，就如一塊能夠激發詩人的創造力、又可以食用的美麗的瑪瑙石！

奮鬥人生，美食外交

現任柏林地區僑務顧問及中華文化學會會長 車慧文

　　Phoebe 搬新家了，那天我們興奮的參加他們的 House Warming。他們從柏林市中心彼得堡大道的左邊巷內，搬到了彼得堡大道右邊的嶄新大樓，一棟在德意志帝國全盛時（約十九世紀晚期）以「年青藝術風格」（Jugendstil）建造的雅緻古樓中。新居隱藏在柏林天際的大屋頂下，佔據了四合廊式天井內邊的一方，能和四鄰一呼十應，不同於她的舊宅，更能居高遠眺，欣賞柏林起伏多姿的浪漫多變與閃耀星空。

　　可是讓 Phoebe「一見鍾情」和「一擲萬金」的卻不是這些，而是她一眼就看上的「美妙廚房」，簡直像為她量身打造的一般。一位出色的廚師，需要能夠發揮創意的舞台，而這個新家裡就有個現成的舞台，人性化又具現代感。她的「美妙廚房」位於屋子的心臟地帶，可以環顧全場掌握環境。這對於好客和她的 Supper Club 私宅饗宴來說，是一項非常重要的設計。

　　在 Supper Club 裡的她是女主人，有著精湛手藝的名廚，今天她站在熱氣騰騰的大平鍋後，以多種中式料理招待外國朋友，這也是外國朋友們最心怡的料理。她一邊翻動著蒸氣四溢的蒸包，一邊發表著自己的看法：「我覺得每個人都有自己的人生課題，肯用心做功課的就絕不至於交白卷」

　　廚藝已斐然有成的 Phoebe，曾經為了學習法國料理的精髓飛往法國學藝，她放下了自尊與虛榮，咬緊牙根與現實人生拼鬥，努力面對問題吸取經驗並實踐改進。她自詡不做「半吊子」的廚師，要像法國人般了解法國菜，像呼吸一樣自然。

　　而享受過 Phoebe 料理的中外朋友，莫不對她的廚藝大表讚賞，也留下難忘的味覺記憶。有著法式風格與東方品味的 Phoebe in Berlin，總是帶給人們無限的驚喜與感動，不只是美味的食物，還有這對熱情的夫妻展現出的體貼與大方。她告訴我「美食」是最國際化的語言，在深入了解她珍愛的法國與歐洲文化的同時，料理美食成了她構築人際關係最好的武器。美食使她與歐洲的國際社會接軌，也讓她對自己的文化根源更為驕傲。

有過大起大落人生經驗的 Phoebe。在那幾年抑鬱的日子中，她憑藉著樂觀性格與堅定的信仰重回人生舞台。也曾經獨自背著行囊遠赴阿爾卑斯山下的聖地——梅傑夫朝聖，渴望能治癒疲憊與受傷的心靈。那時她體悟人生，再次對未來充滿期待與信心。

　　有著幸福家庭的 Phoebe 遠離台灣到了寒冷北國的柏林，不論在生活習慣、語言文化等各方面的適應非常不易（就算多數旅居德國多年的華僑都不見得適應得了當地的生活），但 Phoebe 卻能以開放的心、努力的工作和本身的聰慧，在短短的三四年間，進入了德國的主流社會，真是不易，不愧是「台灣」和「父親」用心栽培下的「天才」。

　　她說，現在的生活是她最享受，也最滿意的階段。不必再鎮日被工作綑綁，可以有正常的家庭生活，有充裕的閱讀和書寫的時間。懂得知恩感恩的她將過去的苦楚化為甘飴，和餐桌上一道道的美味，大方的分享給每位走入她天空裡的朋友。

　　細細觀察 Phoebe 的美食創作與人生道路，可以發現她正走向另一個高峰，從專業的「法國料理」、「醬汁女王」等成績，到她的第二座聖山，廣闊柏林天際下的「Phoebe in Berlin」地球美食村。接續上一本寫下過往十四年在法國美麗點滴的《好料》，如今《留味東柏林》是她近年來的真實生活，這回她的「美食外交」成果斐然。

　　而她不斷超越自我和追求卓越表現的精神，正是現代年輕人普遍缺少的氣魄與理念。我由衷佩服 Phoebe 的才情、毅力和勇氣，真想再度拔腳追趕一程，學習她面對「人生功課」的用心和專一。雖說時不我予，但作夢的權利應該人人都有，不是嗎？

　　欣悉 Phoebe 的《好料》詩般美食料理書出版之後，才短短一年，她在柏林經營「Supper Club」成功心得又將面世，謹以此文聊示賀忱，並祝她靈感、創意源源不絕！

| 推薦序 |

那些不可思議的美妙

Organic & Natural Beauty Boutique 的共同創辦人　Ingrid van Onna

　　派對會在哪裡舉辦？我們要吃些什麼？還有誰會來參加？當你準備參加 Supper Club 時，這些問題的答案都會讓你滿心期待。

　　我是一個充滿好奇心的人，我愛 Supper Club，因為這些派對總是能開啟一些平常不對外開放的門，讓我有機會去那些我沒去過的地方。有些 Supper Club 隱身在祕密的地下室，或是一些特別的臨時場所，有些能讓你一窺陌生人的家。這也是曾身為一個 DJ，又愛旅遊、愛嘗鮮且愛認識新朋友的我，最喜歡 Supper Club 的地方。但自從我不再四處跑以後，更加懷念這一切。

　　Supper Club 不僅是一扇通往那些神奇地方的門，這扇門同時也帶領我們品嘗全新的風味。在 Supper Club 裡沒有菜單給你挑選，大部分的時候你會吃一些平常根本碰不到的東西。我超愛這樣的方式。我可以自在地坐下來、休息，並且享受一切新奇的事物。

　　接著，你會碰到一些新朋友。我必須承認，我有點害怕只有所謂的饕客會參加 Supper Club，即便我自己是個講究飲食的人，但花上三個小時只為了找一家只是用料高級，但缺乏人性化和趣味的餐廳，對我來說還是太瘋狂。我必須很開心地說，Supper Club 的客人都不是這種人。在 Supper Club 裡，我們能遇上各式各樣的人——像是永遠喝紅酒喝不過癮的畫家，為了某些理由他不能喝醉，不像他貪杯的老婆；微軟的經理總是忙著比劃著他看上去十分稱頭的手機；還有七位金髮碧眼的挪威女孩，派對結束後我們甚至一起去了柏林最知名夜店的 Berghain。我還和兩位只有一面之緣的英國女孩成了莫逆之交。

　　我發現 Phoebe 的 Supper Club，是在我準備為我的丈夫 Floris 準備一個特別的生日驚喜時。我們都是亞洲食物的頭號粉絲，我們也十分想念柏林那些很棒的中式料理。於是，我利用 GOOGLE 搜尋中式 Supper Club。在過程中，很快地我就看到了 Phoebe 的訊息。一位來自台灣的廚師，不但嫻熟中式料理，也精通法式料理。這一切簡直太美好了！我立刻訂了位。

正當我們第一次走進她裝飾地十分美麗的家時，我就知道這會是一次很特別的經驗，有著美好的氣氛。Phoebe 和我們分享她如何準備這些菜餚，一邊送上用炸橄欖做的美味點心，這一夜充滿了驚奇。我品嘗到了神奇的紅豆湯，裡面還有荔枝跟甜杏仁；甜椒洋蔥炒扇貝蝦仁；最特別的是她做的東坡肉，搭上甘醇的醬汁，實在太好吃了。

　　在這之後，我們就成了 Phoebe 的常客。不管法式料理像：西班牙冷湯，還是中式的，都是盛宴佳餚。Phoebe 創造出絕美的食物和特別的用餐氣氛，尤其是他們那佈置精緻富創意的家，及別處少有的用餐氣氛，足以證明她不僅僅是個廚師，她是還個藝術家。

體現品味生活的大師

好樣國際有限公司負責人 汪麗琴

多年來我經營餐飲事業，本以為餐飲的門檻不高，看似容易，在懵懂無知地闖入這領域後，直到付出許多代價與學習，才了解餐飲行業何其無遠弗界、博大精深。我想只有身處這個行業中的人，才能了然於心。一直以來「好樣」總是堅持著做出美味且撫慰人心的食物，營造氣氛舒服不造作的用餐環境，傳達以生活美學為中心的思想理念。多年來，不遺餘力地實現美好的生活底蘊，漫漫的十六年中，難得遇見相同理念及理想的同業時，總會有種相見恨晚、惺惺相惜的感動。

與 Phoebe 的相識，是透過友人的介紹，一見如故的相見歡，應該不太容易發生，想必是友人感應到 Phoebe 和我之間的連結，才讓我遇見遠從柏林返台，渾身洋溢著熱情的她。在有如老友重逢般愉悅的餐敘中，我發現 Phoebe 出版的第一本《好料》中便提及了與好樣的緣份。

十幾年前 Phoebe 就到過 VVG Bistro，吃過好樣的招牌點心 Canelé，也難忘當日與好友共聚一堂的歡樂及好樣呈現的特殊氛圍。人生真是充滿了驚喜與緣分，在即將返回柏林的短暫時間中，Phoebe 與好樣的員工們分享了她對餐飲的愛戀與熱情，當下更義不容辭的捲起衣袖，為廚房人員講解如何做出好食物的撇步，讓我更加感受到 Phoebe 對食物的熱情已深植於身上的每一個細胞內，她眼中談到食物時所散發出的光芒，足以融化在場聆聽的每一位廚師。

在這本新書中，Phoebe 娓娓道來她的廚藝生涯，憑藉着對食物的熱情和無限想像，繼續在柏林發光，她在異鄉中堅持融入自己的生活美學，為賓客獻上一場又一場的美食饗宴……對於這位奇女子擁有的才華與堅強的毅力，除了給予喝彩外，我更感佩她的勇敢與執著，Phoebe 的好品味和好手藝，除了在料理上完美呈現，更巧妙地運用在工作和生活空間上。

我常在想，擁有夢想和才華，是老天爺賦予個人最大的財富，若再加上堅持和執行力，便是成就自我的不二法則。在 Phoebe 身上我見到了富有、快樂與不藏私，她不但認真的一步步實現自我的理想，更大方的分享廚藝專業及生活美學與所有愛好此道的朋友與後輩。Phoebe 絕對是體現品味生活的大師！

非比好料

王怡月

　　話說和 Phoebe 的結識，緣起於我與先生曾是 Phoebe 所經營的法國料理餐廳——路易十四的常客，我們很喜歡被媒體稱為「醬汁女王」的料理，美味已不足以形容她的才華，我相信能讓人享受且感動的料理並不多！路易十四就是我們親朋聚會的必選之處。連路易十四最知名的品酒會或 Phoebe 的廚藝教室，我都衝著 Phoebe 的美名不願缺席。

　　熱愛料理的我，也拜她為師，和她一起學料理，和專業級的她一起切磋真是一大享受，她的講解詳細深入淺出，讓在場每一位愛好美食的學生愛上料理，更愛進廚房。雖然當時常需往來海峽兩地，不免錯失一些課程，但僅憑著那時學會的幾道菜，就讓我在朋友圈裡被視為料理高手了，哪怕是一碗南瓜濃湯就贏得了不少的誇讚。在 Phoebe 移居柏林後，無法將繼續和她學藝的我，只能祝福飛到柏林找真愛的大廚生活幸福。

　　或許因為 Phoebe 是學美術與設計的，還做過廣告公司的創意指導，因此她總是熱衷於嘗試「美與新」的事物，舉凡路易十四餐廳的設計、家具飾品與餐具的選擇、食物的烹調美學與精緻的盤飾，還有她自己——長髮飄飄的 Phoebe，總打點裝扮得獨具個人特色。給人處處是創意和設計的驚喜，真是猴塞雷！

　　而她更厲害的部分是，一般人到國外換了新環境，單要適應新的生活就很困難，可是咱們這位台灣女王，沒多久的工夫就成為柏林的知名大廚。運用當地的食材創作新菜色，繼續畫食物寫人生。繼《好料》之後繼續寫了這本《留味東柏林》，Phoebe 透過文字圖片帶領大家看她如何適應新環境，如何用美食繼續與世界接軌，並建構新的友誼。她在柏林家中已招待超過四十多個國家的客人，對她而言是信手拈來、遊刃有餘。當中的點點滴滴就如 Phoebe 的美食般「多采多姿」，讓人直想立馬飛去柏林感受 Phoebe in Berlin 的魅力！

　　從答應這邀約來為「醬汁女王」的新書寫序開始，我就給自己一個理由，「或許這又是她的怪招，硬要找個家庭煮婦來參一角」，那我也就恭敬不如從命的「Phoebe」一下了囉。

除卻巫山不是雲

　　這本書終於完成了，和完成上一本《好料》時一樣的興奮和如釋重負。《好料》記錄了我學藝之途的點滴，是我對所學、對於法國、對於法國料理的愛情，有著我最深的感動。而在這本《留味東柏林》中，我好似誤闖了一段奇幻旅程，故事的開始寫滿了我的詫異、無奈、憂傷和憤怒，爾後則猶如乘坐雲霄飛車般，是征服未知的熱情和付出及獲得的感動，幾乎快樂的希望不要從美夢中醒來。

　　而其中關鍵就在於「一念之間」。人生最難的是對於「未知」的恐懼，無法清楚未來和掌握現況往往讓人生畏。剛開始在德國生活，困難經常讓我不知所措，涵蓋了生活裡的每一個部分，讓生活蒙上了陰影，快樂很少、衝突很多，讓當時的我無法呼吸更是無所遁逃。

　　直到有一天我告訴了自己——接受它。誰都知道「放棄成見」「與逆境相處」是為人生解套的不二法門，但它——知易行難，反之，則更難……那何樂而不為呢？我花了近三年的時間接受它、改變它，到最後創造它。如今的我可以說是如一魚一得一水！

　　人生難的是「承認」，難的是「接受」，難的是「面對」，難的是「改變」，用「負面」的想法思考這些問題，你會發現想像中會發生的問題，要比實際面對的問題更可怕。當我體會了人生無常「才是正常」以後，我開始有了不同的心情去面對人生中的一切困難和發生，雖然不見得凡事都有得解，但我知道如何面對，如何用不同的角度看待，以及用不同的方式處理。

　　《留味東柏林》是我現在的寫實生活。短短的故事卻好似整個人生的縮影，在短短的五年中，我似乎又經歷了另一個新的人生。即使不曾料想、完全陌生、沒有好感，也來不及先擬個腳本，卻突兀的佔據了我所有的生活，快速的將我從人生的軌道上拖行了好長好長的一段路，直到我俯首承認「它」已是我的一部分。唯有認清真相才有可能找到出口。唯一不放棄的是，仍然尋著自己的夢想和堅持在逆境中出發，為自己出征。

柏林是一個好好玩的地方、「Phoebe in Berlin」是一個好好玩的工作，兩者的共通處是「自由」，這些是我在前一波大浪底下體會到的事，有什麼能比自由價更高更可貴，尤其是「心靈上」的自由。這本書以此為引，寫下我流浪異鄉的故事；寫下我與自我對抗的痛苦；寫下我堅持自己的原則的驕傲；也寫下在異鄉仍然做著我最愛的料理的快樂。

　我在此大方的分享我的經驗、美食和生命，希望不論你（妳）們在哪裡，遭遇了什麼事情，不管它是否讓你滿意，只要相信「它」就是你的一部分，接受它、改變它，最後創造它，它將讓你的人生豐富，且「留味人生」。人生就像一場又一場美麗的Supper Club，人來人去美景無限，也在此祝福你（妳）們。

前言

　　我要先說明的是 Supper 不是 Super。Supper 一詞源自於古法語，原意是「to sup」是喝或吸食之意。即晚餐，但比 dinner 簡單的餐點。

　　而最早的 Supper Club，為美國比佛利山的勞倫斯法蘭克先生（Lawrence Frank）所發起，一度活躍於 1930 到 1940 年之間。當時因為婦女運動的關係，政府認為酒是犯罪的根源，造成許多社會和家庭的問題，而下達了禁酒令，嚴禁所有酒類的製造、販售和轉運。造成了當時社會的極大衝突，也讓饕客們瞬間失去了飲酒作樂的權利，由於在家飲酒不在罰則之內，因此變相的怪招層出不窮，有些聚會漸漸走入地下化，變成地下團體，他們有酒的出酒，有菜的出菜，不以營利為目的，這種藉由私人招待的形式繼續飲酒作樂的模式，成了 Supper Club 的起源。

　　接著這陣狂潮又襲向了拉丁美洲、大不列顛帝國的倫敦、大日爾曼的柏林和美食之都的巴黎，一波又一波如漣漪般的擴大，成了來自世界各地的人們捨棄制式餐飲文化的新主流。

　　現今的 Supper Club 當然沒有禁酒令的問題。但為了紀念當年的起源，現在來自世界各地的 Supper Club 主人們 依然效法當年的精神，延襲著「明著」不販酒的主張，而且連繳費都以自由心證的方式，在「形式上」的傳承了 Supper Club 有趣的做法。

Supper Club 的延伸

　　現在流行的 Supper Club 帶著明顯的主人風格，可以近距離的接近他們，欣賞到他們個人生活的真實面、 居家風格、特別的菜單，尤其是認識來自世界各地的朋友，拓展自己的人際關係和世界觀。因著 Supper Club 的特殊性——認識朋友和陌生人同桌吃喝，為近年來的 Supper Club 帶出另番新氣象。這一年多來柏林興起了「Never eat alone，

Never have fun alone」的新主張，有許多新興的社群團體紛紛成立如「Mealup」、「Foodoo」或是如「Internations」等皆來自 Supper Club 現代精神的延伸，跟不同的新朋友一同吃喝一同玩樂。

Supper Club 豐富了我們的生活

初回柏林的我們在柏林人生地不熟，先生小孩忙著上班上學，而我忙著學習可怕的德文，除此之外，社交關係貧乏可憐。但自從開始了 Phoebe in Berlin 以後，我們的日子一改以往，除了有了新工作可忙外，交了許多新朋友，也因此加速了我們認識柏林的機會，讓我更了解了德國。

真心感謝這一路以來協助我們的朋友，讓我們不只非常享受在 Phoebe in Berlin 的新生活中，更因此愛上柏林。

Chapter 1

從台灣到德國

Gina-Shen 攝影

序曲：我將定居在德國

2008 年是我人生中的另一大轉折期。是新局的登頂前奏，是我的小家庭成立的開始，也是新生命加入家庭的喜悅，卻又交雜了人生中的另一個衝擊，使我們做了暫離故鄉的決定，準備遠赴一個我非常陌生的國度。當時的我對未來充滿了懷疑恐懼，擔心自己無法應付一個未知的未來。

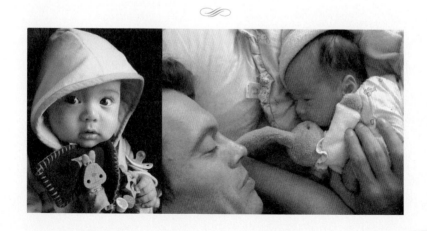

我的離家前夕和先生的返鄉之路

移居德國從來不是我的人生計劃，對於德國，只有十多年前帶著媽媽旅歐時的模糊印象——寒冬冷風中在萊茵河上遊船，無法如願參觀正在整修中的科隆大教堂（後來才知道這工程是永無止境的大任務），就連是否嘗過德國香腸都記不清了。而今卻突然要定居於此直至終老？這疑惑、掙扎、不確定，每天不停的打擾我們的生活，直到 2009 年底，我們終於打包裝箱船運「回家」，回到那個再陌生不過的家——德國。

坦白說，有著相同掙扎的不只是我這個台灣人，也包括我們家那位被喻為「正港台灣之子」的先生，他的掙扎和無奈恐怕遠勝於我多得多！從 2005 年起，他背負著為老東家到亞洲發展新產品和開拓新市場的任務，幾年間在亞洲列國奔波來回，尋尋覓覓合適

的製造商與合作夥伴，原本的「亞洲」之於他，只是另一個工作場所，一個與歐洲大相逕庭，充滿新鮮好奇也有趣的異地。亞洲各國在他眼裡看似相似又非常不同，足以讓來自異國的阿兜仔看得眼花撩亂、瞠目結舌，滿是又愛又怕受傷害的矛盾心情。聰明的人，懂得點到為止、淺嘗即可，不信邪又貪婪者可能就此淪陷，端看個人的能耐和本事。

我家先生憑著他溫和謙恭的好個性和好人緣，用很短的時間便在亞洲建立起順暢和諧的工作網，幸運的找到了優良的製造商和難得的合作夥伴。我們也在此時相識相知到共組家庭。

基於以上種種，讓他甘於往返於亞洲四五年，又落腳台灣實際生活了兩年多，也因為這兩年多的生活讓他徹底

愛上了「台灣」。他大量閱讀關於台灣的各種書籍和資訊，從歷史、地理、文化，甚至是政治，也從旅行台灣各處見證了這「島嶼之美」、「人民之親切良善」和「食物之多元美味」。也讓這來自嚴寒北國的大日爾曼之子，為美麗的寶島台灣瘋狂，被此處的溫暖同化，樂於與我們一同呼吸一

上：臨行前和家人的送別宴，我和已成為正港台灣女婿的先生心中，都滿是不捨和離愁，爸媽對這個大日爾曼女婿非常疼愛。
左：帶著家裡的新成員，我和先生動身返回陌生的「故鄉」。

起生活，成了愛台灣絕對不輸給任何人的台灣女婿。在此之前，他可從來沒想過「台灣」會變成他的第二個故鄉。到此，大家應可了解離開台灣對我們倆來說都不是件容易的事，而這「不易」絕非三言兩語足以詮釋和形容。為此我們找足了逼自己返回德國的理由：

1. 調整心情才能重新出發，轉換環境是為了現況所需的良策。

2. 我家先生有了更好更高的舞台，必須返德就任這也無話可說。

3. 讓他安慰的是新公司所在，是他唯一有興趣居住的故鄉城市——柏林，因此雖不願意回家，也不至於太過痛苦勉強，基於以上諸理由，「回家」勢在必行。

面對成天拿德國和法國相比，並不乏微詞的我，再加上了解我對德國，尤

其對柏林一無所知，我家先生於是先帶我探訪柏林，一面想藉著旅遊，驕傲的展現德國人心中的新世界，一面藉機看看未來可能選擇居住的區域，為定居柏林做準備。來自科隆的他，柏林曾是他們年少時最喜歡旅遊，自由放任、充滿極端衝突、最具感官刺激的「新興」城市。他用著年少的記憶帶著我重回柏林，試圖在這趟旅行中再次發現它的美好、異類，它的性感和貧窮……是的，柏林人可自豪柏林的「貧窮」與「性感」呢！Berlin is poor but sexy！但直到定居多年後才真正體悟。

活力四射的柏林。

▋第一站：回鄉見家人

這趟回鄉，也是我們首次帶著新生寶
貝回家見祖父母之旅，這位莫林家族
的第四代在台北出生，跟著媽媽坐完
中國人的月子，在出生三個月後初次
返鄉。我們的小寶貝雖是曾孫輩中最
晚報到的成員，但卻是唯一內孫，回
家面見長輩自是大事一樁。加上要探
望莫林家族高齡一百的曾祖母，讓我
既興奮又有些小緊張，我家先生曾告
訴我，老奶奶嚴肅又不多話，因為深

具威嚴，連孫兒們在她面前都不輕鬆，
更別說是我這外鄉人了。

那日午後，我們初訪年邁的老奶奶，
老人家有著非常傳統的德國婦女容貌
和體態，超過一米七的身高，看來仍
然精神奕奕，身體也硬朗，一眼望去
德國人的嚴謹盡在臉龐，但卻又不難
在她的眼簾下發現慈祥溫柔，尤其在
她與小寶貝的互動中更是溫暖可見。

▋左：莫林家族的大家
長——高齡一百的
曾祖母。

右：老奶奶看著小
寶寶的眼神露出滿
滿的慈愛。

驚喜的還有，當年甚愛哼哼唱唱的老奶奶，在二十多年前老化失聰後，便不再開嗓唱和了，但這天她不但要求把小寶寶放在自己的床上玩樂，並多次哼唱著德文版的〈一閃一閃亮晶晶〉，她的節拍依舊穩健、歌聲一樣輕柔，讓在場的所有家人莫不感動欣喜，特別是我的公公。

高壽的老奶奶其一生可說是近代德國歷史的縮影，歷經了兩次世界大戰和納粹的暴行，「堅強」早已刻畫在她老人家每一條的皺紋裡。戰亂期間，老爺爺因在荷蘭工作往返不易，她雖是平凡的家庭主婦，卻得肩負起家庭重任，獨自照護三名幼子，尤其是身染重病的次子，格外辛苦不易。

▌老奶奶的百歲壽宴。

猶太人紀念博物館。

而後納粹開始挨家挨戶強制徵兵，連小孩子都不放過。這一天他們來到了莫林家，要求當時年僅九歲的公公上戰場，他年紀雖小卻明辨是非，不但勇敢拒絕，還義正辭嚴的表達對此政權的不認同。此舉讓老爺爺和老奶奶深感驕傲卻也憂心，為了兒子日後的安危，想盡了辦法將兒子送往鄉下的親戚家避難。父子倆冒著每日空襲的危險，一路顛簸跋涉數日，才得以進入安全地帶。

對於納粹十分不滿的老爺爺，也冒著風險花錢雇船引渡猶太友人逃亡英國，

正面與納粹抗衡。在納粹終結美軍接手集中營後，他因為優異的英文能力，被請去擔任翻譯的工作處理善後。而當他親眼見到納粹在集中營裡泯滅人性的一切作為，內心的痛苦傷心與悲憤如噩夢般糾纏不去，致使老爺爺的後半生歲月抑鬱寡歡，完全不願憶述過往。上個大時代的歷史悲劇，冷酷無情又鮮血淋漓的刺痛著大日爾曼子民的心，和所有慘遭迫害的猶太人後裔一樣，一段無法抹去的心靈創傷與仇恨至今難泯。唯有經歷生命的殘酷與人性試煉的人們，才能真正懂得生

與老奶奶同齡的外曾祖父，在二戰期間曾立下
許多功勳。

命之珍貴與無價，才能懂得知恩惜福。

雖然老奶奶已是子孫滿堂，但老人家
對自理生活仍然十分堅持，上了年
紀的她免不了病痛，但從不喊疼、不
願打擾家人，唯有沐浴一事稍嫌費力
需人照料。在她身上，我看到樂觀堅
毅的大日爾曼民族性與端正的莫林家
風，而後更可在每一個莫林家族的成
員身上發現相同的特質。

老奶奶之所以備受家人愛戴，還另有
一個重要因素，就是她擅長烹飪烘焙
的好手藝，這為家人帶來無限的美味
記憶與凝聚家庭的力量。這點可以從
摯愛母親甚深的公公口中，不間斷的
聽到讚美，也是我家先生回憶童年事
蹟時，必會得意提起的大事。從每週
末回奶奶家晚餐，奶奶為大家準備的
每道家常菜說起、到聖誕節的大餐經
典的烤鵝佐紅甜菜（Gans mit rotkohc
und klossen），還有那好吃到不行，
至今仍讓他深深懷念的甜點紳士蛋糕
（Herren torte），都是他難以忘懷的
老奶奶私房美味。

如今老奶奶已離世四年，再也吃不到
老奶奶美味佳餚的他，每當經過甜點
店時，還是不忘帶個 Herren torte 回家
解饞，搭配著一貫的「抱怨」，抱怨
沒有任何的 Herren torte 可與當年奶奶
的美味相比，這儼然已成了他對奶奶
最近距離的思慕良方。擅長烹飪的老

圖1：這只花瓶是我家先生最寶貝的老奶奶遺愛之一。
圖2：這組茶具得自公婆，那是多年前公婆結婚時，老奶奶所贈送的禮物。

奶奶也愛收藏精美磁器，這讓同是瘋狂磁器收藏者的我，自老奶奶和婆婆手中接收了不少高檔精緻的好貨。據說在老奶奶九十歲生日時，已在每件器物下方貼上了子孫的姓名，為自己百年後做好準備，分享她一輩子以來的收藏。如今這些器物無疑的成了我們大家的傳家寶，不但賞心悅目，更寓涵了莫林家族的歷史與故事。「睹物思人」讓收藏的意義更珍貴。

尋味柏林

Herren torte 是德國精緻蛋糕店才會出現的品項，頂端一定會寫一個 H，H 即是「Herren」，紳士之意。這種蛋糕通常有八層，以派皮和海綿蛋糕交疊夾餡，做法繁複美味十足。

左：公公婆婆和小孫子。　右：公公用琴聲表達對小孫子的愛。

家族新成員的功課

這趟回家像是登記落戶般，我們母子倆正式成為莫林家的新成員。公公婆婆對於這個遲來的孫子既驚又喜。曾經拉拔三個孩子，看著四個外孫長大的他們，此時卻像是新手祖父母一般。公公閒來無事便坐在鋼琴前，為小孫子彈上個把鐘頭的古典樂，因為好友Sloan曾在我坐月子時，送了寶寶一套莫札特音樂，每當他哭鬧不休，音樂總能立即將他收服。所以一旦爺爺的琴聲響起，他會很熟悉似的專注於每一個音符的起伏間。在熱愛音樂的莫林家族中，每個人各有演奏的能力與

音樂的涵養，全家人聚在一起，便是一個交響樂團。公公對襁褓中的小孫子就已愛上古典樂，自是高興又驕傲。

那次回德國，見識到他們在家庭教育和對異國文化的包容和尊重。歐洲的父母與孩子間的相處像朋友，多的是尊重和讚美，但這並不意味著寵溺和放縱。他們清楚孩子的不同性格，給予諸多的肯定和包容，適度讚美的目的並非炫耀或驕傲，而是希望建立孩子「自然健康」的自信，這點讓我非常讚佩。

教育態度建立起孩子們「自然健康」的自信。

▌台德教育大不同

日後在德國住得愈久，愈能比較出台灣和德國在教育上的落差，十分佩服德國人在教育上的前衛思維與實踐。例如：我們對運動員的刻板印象是頭腦簡單，自從了解了德國的教育體制後，我改變了對職業與專業的看法，也開始明白何以德國人如此瘋足球，為何在足球場上能有如此卓越的成績。

兩三年前當我得知德國在小學五年級左右就已「能力分級」，好學生理所當然的繼續讀書上名校，有特殊才能者則接受特殊專業的訓練，我們認定為放牛班的一群自然的就去下田當農夫。不會吧？當下腦袋裡馬上閃過幾個到高中以後才開竅，現在也都功成名就的朋友，想到這麼晚才開竅的他們，若身在德國豈不扼殺了大好前途。

事實上，德國人比我們更能體會「小

時了了，大未必佳」的道理，也不在意孩子是否贏在「起跑點」上，「天真快樂」是孩子的「天職」，他們只要傻傻的玩，沒有天候和地點的問題，更不需講究外表和穿著要「玩給別人看」。德國的孩子少了很多來自父母「面子」上的顧慮，無須擔負「不才」的父母加諸孩子身上的期望。自從跟我家先生在一起後，讓我最為驚訝的是德國人看待事情的態度和處理方式——冷靜、理性、邏輯、民主又有條理，潛移默化中改變了我許多，能在德國人身上學習這些是我的福氣。

不管是讓孩子「贏」或「輸」在起跑點，最重要的是不要把孩子當作自己的產物，或期待複製他（她）成為「另一個人」，真正的了解他們「因材施教」，建立正確的人生觀、價值觀和正義感，培養良好人格，才是對孩子

最重要的教養方針。我的人生經驗告
訴我，人生可以隨時有起點、轉捩點、
停損點和終點，我們要學習的是「何
時應提起、何時該放下」的能力，那
是需要從小培養的人生大智慧。期待
有朝一日我們的孩子也能像德國的孩
子一樣身心自由健康。

▍今年世足賽德國隊的表現讓人振奮。

▍德國對足球運動的重視是從小開始培養，可以說是全民運動。

對長輩的尊敬與照顧到哪兒都一樣重要。

跨國家庭的藩籬

嫁入一個陌生家庭已不容易，更何況是不同國度的家庭。擅長跟長輩溝通也頗有長輩緣的我，在移居柏林後也盡可能找機會將自己的國家和文化風俗，向公婆及家人們介紹和分享，他們不但聽得津津有味，還不時提出問題與我交換心得。異國婚姻的困難不只是語言上的問題而已，彼此民族的認同和風俗文化上的了解與接受，是更重要的課題和學習。

雖然走過大半個世界的我，對於環境的變動早已習以為常，盡量抱著接受和尊重的態度，但骨子裡，我還是個非常傳統的中國人，也相當自豪能善用中國的倫理美德。不論中外，這樣的美德都是適用的：對長輩的尊敬與

照顧；清楚人際關係的分際，保持美妙的親疏距離；適當的讚美和關懷他人；在需要和被需要時提出要求，在適當的時間點表達真實感受，藉此讓他人有機會了解自己，也給自己機會去了解他人。所以我總是比一般人有更多更好的機會，不論在人與人的交往上，或是拓展工作和事業的領域裡，都能得到來自各方的協助支持。

身居異國時，不論自我條件的優劣，過度的妄自菲薄或驕傲都會壞事。欲得到別人的尊重之前，一定要先愛惜看重自己，學習主動友善的對人們提出關懷和溝通，不設限不瑟縮，大方接受，絕對是在異鄉生活不可或缺的生存方法和態度。

全家一起包餃子，藉此增進他們對不同文化的認識。

食物也是打破文化藩籬的良好工具。

Gina-Shen 攝影

柏林．柏林我來了！

三天後我們離開了科隆的家飛往柏林。在此之前，為了更快了解柏林，我們一改住飯店的習慣，選擇在網路上尋找由台灣人開設的民宿，這是大多數的背包客非常熟悉也樂於選擇的旅行方式，不但可以節省旅費，也更易於了解當地的人事物。如今在歐洲也開始普遍起來了，幸運的我們很快的找到一位駐德台灣記者的家，而他深愛著柏林。這個暫時的落腳處竟也成了我們日後找尋未來居處的藍圖。

第一眼的柏林

對柏林一無所知的我，在先生的導遊下，以四天時間，緊湊又走馬看花的「看」完了柏林大致的面貌。也不時和短約的房東同鄉交換心得，聽取建議。第一天在住家附近走走晃晃，而後則以最快速的觀光法——搭乘觀光巴士掃街，把該看的該認識的地標性景物做個基本認識。

當時正臨初春時節，春花怒放、綠意盎然，終於擺脫漫長寒冬侵襲的歐洲人，恣意橫陳的攤在驕陽下舒展身心，一眼望不盡的大公園裡，被大群大群或躺或臥或玩耍的人們塞爆，大街上的露天座位更是一位難求，貪婪無厭的想把蟄伏了一整個長冬的時光一次給討回來。他們是極受氣候影響的族群，心情總是隨著氣候起伏變化，這是日後我在歐洲學得的重要一課。

那幾天我們車遊柏林腳踏歷史，一路划過了——

• 布蘭登堡大門（Branden burger tor）和鄰近大門處的東德人逃亡遇害紀念碑（Hococaust monument）
• 摩登新地標的德國國會大樓（Reichstag）
• 猶太人紀念博物館
• 亞歷山大廣場（Alexanderplatz）和有名的電視塔（Ferhsehturn）
• 查理邊檢站
• 柏林圍牆
• 新力廣場（Sony centre）
• 大使館區
• 歐洲第二大百貨公司 KaDeWe
• 近郊的菠茨坦

柏林近郊的菠茨坦，有普魯士王國時代最奢華的宮殿——
忘憂宮（Schloss Sanssouci）。

電視塔（Ferhsehturn）。

查理邊檢站。

歐洲第二大百貨公司 KaDeWe 與亞歷山大廣場。

均為 Gina-Shen 攝影

Gina-Shen 攝影

| 柏林街道一角。

大啖柏林路邊攤

柏林除了有無數的大小畫廊、義大利餐廳和 Pizza 店，還有不能不嘗的城市美食冠亞軍──咖哩香腸（Curry wurst）和土耳其的口袋餅或捲餅（Doner Kabap），說到這兩樣橫掃柏林街頭的國民美食，不但是柏林人最愛的美味與驕傲，更嚴重威脅稱霸世界的麥當勞。

德國香腸世界有名，淋上了特製番茄咖哩醬的咖哩香腸，則是二戰後被柏林人發明出來的生命「良」食，是傳統也是地方美味。據估計每年德國人吃掉八億條咖哩香腸，光是柏林就占了七千萬，顯見柏林人狂愛嗜食之可觀。

尋味柏林

咖哩香腸，主要的成分是豬肉外加一些牛肉或小牛肉。製作前先汆燙，然後油煎至香脆，再澆淋上特製番茄醬汁和咖哩粉，配著土耳其軟麵包或薯條，用特製的盒子一裝，就地食用或拿著走都隨性美味。

Gina-Shen 攝影

街道上隨處可見露天咖啡座。

而土耳其的口袋餅，則是我們懶得做飯時的果腹速食，好吃香脆的土耳其麵包夾著大量的蔬菜，和現烤現刨的羊或雞肉片，自由選擇淋上優格醬或辣醬，就是一個好吃的土耳其漢堡，也是我可以安心不怕胖的美食之一。自從在柏林享受了這廉價不起眼但相當美味的土人 Kabap 口袋餅之後，儘管餓到前胸貼後背，也不再想以漢堡果腹了。

話外一提，每每經過巴黎街頭時常可見的 Kabap 店，都想進去嘗鮮，但總是被愛好美食的法國朋友勸阻，認為這不具水準的粗食沒有嘗試的必要。

而今這小小 Kabap 卻充斥在我的生活環境裡，雖非經常，但也算是我最輕鬆可得的異國美食之一。

Kabap 口袋餅。（Gina-Shen 攝影）

▎城市美景：龐克圖騰

在柏林大街上或地鐵裡，最吸引我的莫過於那些奇裝異服怪模怪樣的龐克族，滿身叮叮噹噹、黑呼呼一團重裝的重金屬男女，很是吸睛！這些年輕的靈魂自成風格有模有樣，總讓我不禁駐足觀望，欣賞他們的青春活力與自由奔放，他們的言談有趣且特別自信，這特有的柏林風情也讓整個城市充滿了無限生氣，在嚴謹的德國人生活中是難得一見的「脫序」景觀。

得知我的好奇，我家先生便開始聊起了柏林龐克們——話說這緣起於 1974 年，在美英澳等國掀起的龐克搖滾（punk rock），是另一種搖滾樂的呈現方式，以反社會（antiestablishment）的理念為標榜。以 1976 年英國倫敦的性手槍樂團（Sex Pistols）著稱，率先領軍掀起前所未有的龐克狂風。性手槍的麥坎 · 麥克羅倫（Malcolm McLaren）與其時尚設計師的老婆，在倫敦開設一家以「性」為主題的精品店，他們提出了反藝術的觀念，大膽顛覆了在當時以至於過去的審美觀，以衝突又互相矛盾的設計風，打破了時尚界空前的窠臼，所提出的「衝突性打扮」（confrontion dressing），或將舊衣新穿、或運用刻意的撕毀破裂效果、或加上大量的別針鉚釘徽章等裝飾、又或許再配上一件紳士的西裝或優雅的洋裝，增加衝突矛盾的程

▎隨性的柏林。

東德時期的車款「Trabbi」，充滿了歷史回憶。（Gina-Shen 攝影）

度。這十足的創意味深受年輕人的瘋狂喜愛與追求，特別滿足了他們長久以來壓抑的內在，急欲破繭衝出的熱血與青春。

狂野的龐克族無論在髮型、彩妝、配件服飾，乃至音樂、思想到文化的表現都人膽誇張，顛覆一般觀念，自成一格。頓時成為當時倫敦街頭的又一另類風景。這股狂風吹襲著英美等國，直到冰冷無情的柏林圍牆不敵自由民

主的狂飆而倒下後，這猛烈狂風更火速竄入柏林，無疑給了才剛擺脫專制的可憐城市一劑自由的強心針，一夕之間，追求自我的意識猛然昂首。

老中龐克族群不乏堅守原味之龐克精神，酖於「爽貧」的美德，樂天知命享受自我。與新一代的「富裕」族群，只懂得標新立異養尊處優截然不同，而龐克一詞之於他們也因著時空物換星移各有見解了。

▌柏林圍牆見證的歷史

初次造訪柏林,除了以上所提的風花雪月外,最讓我印象深刻至今難忘的,還是納粹的血腥遺跡,以及於 1961 年切割東西德的圍牆。

從布蘭登堡大門旁的東德人逃亡遇害紀念碑算起,一路到至今殘留的幾座歷史黑幕的圍牆遺跡(Mauer),再到圍牆拆除後留在世人心中永遠的歷史隱形線,以及城市中最陰鬱灰色的猶太人紀念博物館。那些五十年來嵌在路上石板中泣訴,一不注意就被我們一腳踩下的猶太人遇害紀念銅牌(Stocper steine),還有那每當想起仍令我打起寒顫,永遠都不想再訪,位在柏林北邊的納粹「薩克森豪森集中營」(Sachsenhausen)。

這些在人類歷史上永恆鑄下的慘痛與黑暗,在柏林這個古老城市中,代代與我們共存,也讓這趟輕快旅程多了不少哀愁和沉重,圍牆已塌毀二十餘載,東西柏林的差異始終不斷在這座古老多變的城市裡融合發酵,在那條隱形線上蠢蠢欲動、在暗地裡互相較勁,莫測高深的讓人摸不清。

對於初訪的柏林大致上印象良好。除了東柏林區樓房建築的造型實在呆板可笑,色彩更是單調突兀,剛好與大多數的東柏林人,臉上少了表情和笑容的線條互相輝映。

東德人逃亡遇害紀念碑。

柏林圍牆。

家在東柏林

話說當初打包裝箱回德國的日子裡，經常是五味雜陳淚水相伴，一想到要離鄉背井，到一個這麼陌生又這麼冷的城市居住，掙扎、不願、無奈常常浮上心頭，欠缺美食的城市怎麼待得下去呢？那段時間裡每每為了我未來的工作而煩惱憂愁。雖然我家先生總是以極大的誠意表示，希望我不再需要那麼辛苦的工作，在德國過著較隨心所欲的生活就好。

好朋友更是多次半安慰半羨慕半數落我說，為何就不能好好的當個貴婦享受清閒度日呢？這是多少女生渴求的人生啊！話雖如此動聽，但天知道本人天生就是勞碌命，而且是忙死更好的工作過動兒。「貴婦」這般高尚頭銜實在當不起，因此天天盤算著遙遙無期的「未來工作」，曾讓我很傷神也很恐慌。

▌十八年來的食譜集。　　　　　　　　▌我最愛的天使。

▎德文初體驗

準備前往陌生的異國,語言學習的預備在所難免,就算為了工作,學好德文也是必要的。為了方便起見也為搶時間,我便在打包回德的同時,花下不少銀兩,請來會講中文的德籍家教老師,一週上課兩天。

歐洲語文與中文相比自是天差地別,一點相似處都沒有,尤其是在令人生畏的文法上。由於當時缺乏學習的興趣,再加上一堆家當橫陳滿室,等著我收拾打理,所以總是無法專心也難以投入,對這每次三小時的學習幾乎是度秒如年。

每次身高兩米體型碩壯的老師,要和我一起塞在堆滿箱子的狹小空間裡苦讀,尤其炎炎夏日的午後往往揮汗如雨,教的又是這麼無聊枯燥的初級課,我倆都不耐煩透了。這往往加重了我

的壓力,總是找機會讓老師早早收工回家,就這樣混完了一個多月,而我的德文初體驗等於沒體驗一般。

好一個大日爾曼民族

在付完了昂貴的船運費後，看著家當一件件的上了車，終於，我們也鬆了口氣的搭機回德國去。就在最後幾天打包時，我突發奇想的問了我家先生，是否可以在自己家裡開個私人廚房什麼的？當下的他立刻停了手邊工作，轉過身瞪大了眼睛驚訝的望著我說：「你知道我們德國人只有興趣買好車、造好機械，一般的德國人連外食的機會都很少，更別說訂位到『別人家裡』吃飯，而且還是『法國飯』，簡直是天方夜譚。」

那桶冷水澆得我夢碎又沮喪！說的也是，要歐洲人出外吃頓飯容易嗎？就連多數的法國人都是這樣，更別說是對吃一點也不講究的德國人了。常常聽到德國人嘲諷法國人只對吃有「那麼點」天分，和自認為矯情浪漫，這麼一點能耐哪入得了大日爾曼人的眼裡。以重工業聞名於世的德國，舉凡汽車、飛機、重工業機械、印刷機等，以至藝術、音樂、文學、醫療到生活精品的品味，也成就非凡。

對於「吃」這等小事，哪值得他們費神，只要能吃「飽」，何需在廚房或餐桌上浪費那麼多的時間呢？愛吃這件事，就讓給有史以來，多是手下敗將的法國人去「享受」吧！我總在德國人驕傲的對我最愛的法國一陣訕笑後，額上出現五條線和滿腹嘟嚷。縱然對於他們的批評難以接受，但又不得不承認這「老德」確實很優秀很強大。淋了一身冷水的我好在沒傷風感冒，只是讓這個計劃暫時擱在記憶的百寶箱裡等待時機。

▍一心以未來私宅餐廳的設計為家的藍圖

找房子安身也是一項大工程。身為西德人的我家先生，對於西柏林區的優雅與優越沒啥好感，堅持既然要住在柏林，那當然以新發展、新移民、新潮、新鮮，又衝突大的東柏林為首選。再加上我們都很喜歡在柏林的第一個落腳處——台灣記者的家和環境，因此，便在該區尋找未來住處。雖然我家先生認定我想開私宅餐廳的傻人計劃不可行，但還是相當支持我先試著往這個目標開始，首先得尋找一間坪數較人的房子。

二戰後的柏林與科隆一樣多夷為平地，千瘡百孔滿目瘡痍。舊有的古老房舍或建築所剩無幾，所以老城新建是戰後的大工程，也意外的為這兩座大城市帶來了新貌。由於咱們的記者先生家就屬這新式建築類，所以在我心裡也有著相似的夢。

我家先生的品味一向很另類特別。他來自一個高教育水準的大家族，尤其以生產博士、教授、學者、律師聞名，這讓他們從小就對「教養」兩字有非常異於凡人的標準，副修歷史的他，對柏林總有另解。某天他傳了一間房子的照片到科隆給我瞧瞧，從照片看來，這房子不但不新穎而且還很舊，就他的說法，這種老房子在柏林可謂珍稀奇寶，要立即把握以免向隅。於是對柏林認知極淺的我，就傻乎乎的等著去柏林看房子。

▍先生眼中的好房子。

經過我們十一個月努力後的家。

入住百年鬼屋

到達時，仲介女士已在大門外等著我們，臉上沒有太多笑容，甚至可以用冷豔高傲來形容，我想這房子應該是很不得了，一進門，我就傻了，還真是很不得了呢！

這不是西洋電影裡的鬼屋嗎？高挑的屋頂鑲嵌著幾經塗刷的斑駁雕飾，屋角布著殘破的蜘蛛網和躲在暗處窺視的蜘蛛，偌大的古式木門貫穿一間又一間房間，狹長詭異的浴室和又大又

| 我最喜歡的燈,我稱它為雲。

笨的礙眼大浴缸更讓我頭暈,加上到處都是鋪設不平、縫隙滿處的百年木地板,走來嘎嘎作響不說,還有不小心一腳踩空的恐怖感,說話盪在半空中的回音更具鬼屋音效。

| 我們很在乎燈飾的選擇,特別挑剔。

這讓我這個從小愛看鬼片的傢伙,立刻發揮了天馬行空的想像力,想著百年來不知有多少人從這裡橫著出去?再加上一公里外的墓園,以及寶寶自進屋後便不知為何哭鬧不休,讓我情緒緊張得直問咱家先生,這間鬼屋怎麼住得了人哪?國情完全不同的我家先生,被我突如其來的情緒搞得有點摸不著頭緒?就這樣,我們住進了百年老宅。

由於費時的船運家具靠岸後,又在德國海關抽驗時出了很多狀況,讓我們一家三口就在這又大又空蕩蕩的老宅裡,靠著一張睡起來全身腰痠背痛的氣墊床,與 IKEA 買來的兩張高腳椅為生,每天倚在爐邊吃喝,在流理台上書寫,過了三個月非常克難的生活。

▎客廳的水晶大吊燈優雅又華麗

▋ 打造夢想家園

好不容易家具到位了，我們開始了大
工程的整理、布置、採購和全面粉刷。
歐洲的物價不但驚人，人工更是貴得
離譜，而且還不是有錢就請得到工人，
一切都得排時間等日子，個把月的等
待根本是稀鬆平常，不像台灣錢多錢
少都能請得到代工，所以負責設計找
家具的大任務，自然就由我這閒人擔

綱，而施工執行的粗活便得由咱家先
生自個兒來了。但一工作起來，可讓
我見識到德國人的工程能力，不論是
全屋的粉刷、家具櫥櫃的丈量與安裝、
泥水工程、水電設施到敲敲打打釘釘
掛掛的瑣事，不但樣樣難不倒他們，
更專業精準得令我嘖嘖稱奇，對他們
充滿崇拜。

我的陽台一角。　　　　　　　　我的廚房一角。

我們是一個東西方結合的家庭，雖然定居歐洲，但也不捨中式文化。所以我們花了不少時間設定用餐區的設計和風格，除了參考大量書籍，也猛逛家具店，希望能巧妙融會東西元素。幸好我們對廚房的設計和設備的共識一致，只花了兩個下午到賣場與專業人員討論後，輕易就達成了我們的要求。雖然廚房的空間不算很大，但應有盡有的配備絕不輸專業級的水準。

接著我們為每個房間訂下了不同的風格：訪客入門的第一站——客廳，我們用了歐式風情，以摩卡和紫色系為主基調，鑲在高頂上的精緻長曳水晶大吊燈，優雅又華麗；代表美味的餐

小朋友的起居室。

我愛古董家具。

廳則以大膽的紅牆、古金與原木表現，展現摩登的夜上海風情；而我的戰場——廚房則以金屬銀灰色櫥櫃配上冷靜的紫色牆，及一盞偌大的蒲公英吊燈，放射出有趣的光影圖像，神祕、現代感外，又有詼諧；小孩的起居室則以普羅旺斯的橄欖綠為主，天真自然，算是我對普羅旺斯的懷念。還有

栽植滿陽台的繽紛，這一次我終於擺脫了「植物殺手」的封號，成功的栽種了每個季節的花卉。這一切的一切，無非為了不知何時可以實現的私宅餐廳預做準備。

打造一個家實在繁瑣不易，尤其在短時間內大量的金錢花費，常讓我們多

所猶豫卻步,但全家人共同打拚一個
未來,一起合作分工是多麼快樂滿足。
直到一天,所有的努力乍現眼前時,
內心的感動和興奮將讓我們忘了過去
的辛苦,全家人抱在一起歡呼。然而

這所謂的「一天」竟是十一個月後。
縱然不知我的未來在哪裡,但我已準
備好自己,在這裡,等著「未來」放
馬過來了!

▌種滿了花卉的陽台。

┃ 我的煉獄德文課

終於到了不得不學習德文的日子。這是近十年來德國的新法令,要求所有在德國定居的外國人都必須會說德文,用意除了生活上的必要和方便外,主要是減少族群間的對立和衝突。

這是強制性的政策,但也有配套措施,就以我們家為例,雖是德國家庭,但身為外國配偶的我就得強制去學德文,除了小朋友的幼稚園會接獲政府的通知,全力配合外國籍父母的學習時間,家人們也要支持體諒(就為了防範像我這種會利用各種理由翹課的壞學生)。我們有每期一百歐元的較優惠學費(一般外籍生費用約為兩百歐元),強制學習六百個小時,在通過期末考試後,會全數退回學費,發給長期簽證和工作權。就這樣,我的六百小時煉獄生活即刻展開。

▌學習德文的壓力，讓我飛回台北以美食慰安。

連德文發音都不會的我，自是得從 A1 的發音課程開始，班上大約有二十五位同學，來自十多個不同的國家，聽說人數總會隨著時間而遞減，其中多數陣亡，少數是為了打發時間直到無趣而返，而用功者如我，則熬到最後個位數之列。

人生經驗告訴我們，努力並不代表會有好成績。在一個偌大的聯合國教室裡，連發音都不會的大概就只有本人和一個非洲老黑同學，所以老師要求我倆自行回家解決。而後進度就一路飛快，可比搭高鐵，從一開始的問候語、自我介紹、到長度多在十幾到二十多個字母的冗長單字，到二十天後的過去式、到六星期後的第一期課程結束。

這種恐怖的學習，讓我在這六個星期過著鴨子聽雷的生活。唯一清楚的是老師以看似慈祥實則厭惡的嘴臉，時常走到我面前提醒我，若有任何不明白之處可以拍桌要求慢一些（Langsam），但每當我提出要求時，她總是反過來要求我，最好是回家找先生教，也就是不要我們這群程度差的外國人打擾了大家的進度。雖說如此，我仍堅持咬緊牙關噴淚奮鬥到最後一刻。這樣的上課品質當然不會有什麼好成績。

一期震撼課程過後只剩半條命的我，一時半刻無法再受刺激衝 A2，需要返鄉療傷兼食補犒賞自己，才有再衝下一期的心力。但不管以多少美食慰安、抱怨解壓，即使想用逃避忘記這場噩夢，但終究不敵時限再臨的殘酷。

從煉獄掉進了地獄

由於前一間語言學校的師資有待商榷，經過朋友的推薦我換到一間「好」學校，但這回，我竟從煉獄掉進了地獄。

仍是兩位老師教學，一位是氣質優雅、講究品味的中年婦女，可以接受我們在必要時以英文詢問（終於獲得解救），善於鼓勵和傾聽（讓我有片刻可以輕鬆的喘息）。而另一位則是生長在東柏林，高齡八十有餘的祖母級嚴師，我的人生經驗再次告訴我，嚴師總是讓我們特別「難忘」。

這位東德阿嬤，雖然年事已高，但仍中氣十足、頭腦清晰，教學時一絲不苟，嚴厲駭人。文法教學為其強項，而文法又是最難學最可怕的部分，另外她也強逼我們背單字、記冠詞、動詞變化等最匪類的德文要害處。而且

天天課堂抽考抽問，完全是我們那個年代的填鴨式教育法，這等恐怖可比我的大學聯考，讓我每天噩夢連連。

因為當時課程在冬天，起床上學實在很夭壽，多數的人在雪不大的日子裡，仍多以腳踏車代步搶時間。少數用功的同學早早就等著阿嬤駕到搶表現；多數來打發時間兼交朋友的同學，早把臉皮放兩旁痞樣攤中間；再來如我膽子小臉皮薄，只能大玩躲貓貓的閃躲戲碼。

也許天生跟阿嬤犯沖，不是被她的雷聲嚇到忘題，不然就是被她問到我不會的題目，然後以五公分的距離指著我鼻子兇斥。這樣的學習氣氛怎可能激發高昂的興趣和好成績呢？痛苦煎熬直到接近期末考前，我的壓抑情緒

終於崩盤。這次念德文的壓力大到我的甲亢復發（回台北看病時，被我的醫生笑到翻），經常失眠外，還暴瘦五公斤（唯一的意外收穫）。這種教學法連德國人都不認同，他們說這就是東西德文化的差異之一，多數的東德人古板、嚴肅、強勢、不近人情，這回，我總算學到了什麼叫作東德。

每當我家先生看我苦讀總是很心疼，到一個陌生的國家生活已不易，還要在完全沒有基礎的條件下，以第二語言學習第三語言，這實在不是我這類凡人能幹的事。好不容易完成了六百個小時的 A 級課程，我不打算再繼續晉級，通過考試的那一天，即將所學迅速拋諸腦後，連想都不願意想。

我的地獄班同學。

生活中才見柏林真面貌

除了語言的折磨，在先生上班小朋友上學後的我是極為無聊的，沒有朋友、地方不熟又沒有美食解悶，大多數的時間寂寞想家。所以逛超市百貨買菜買家用品煮飯打掃，成了我每天唯一的消遣和唯一可做的事。

做了近一年的家庭主婦或自我揶揄下的貴婦後，深感無福消受這頭銜，必得盡速離職才行。在那段時間裡最感安慰的，當屬有足夠多的時間寫書，所以說，上一本《好料》就是在那些寂寞裡的唯一豐碩產物。在那段當無業遊民的日子裡，有機會在柏林的各個角落遊蕩，我看到了「柏林五景」

1. 「髒」：柏林處處是狗屎！這是我一進住柏林印象最深最發瘋的事。滿街的狗大便是讓柏林酷到不行的表徵，尤其在融雪的日子裡，一腳踩進雪屎交融中的那種酷……這是本土柏林人的驕傲，外來柏林人的無奈！

2. 「亂」：到處的紙屑垃圾飛散，到處的胡亂塗鴉和海報廣告。

3. 「窮」：乞丐、醉漢、瘋婆子到處可見。

4. 「高傲無理」：是為國民禮儀。

5. 「種族歧視」：再自然、正常不過了。

天哪！我怎麼會住在這麼可怕的地方，像生活在倒退三十年的台灣一般，對柏林的怨懟，也成了初期我們每天晚餐的加菜話題和爭吵原因。

我愛用美食和大家交流情感。　　　　　　西方人重視節日，也是聚會聯絡情誼的好時機。

德國生活面面觀

在柏林愈久發現它的不堪愈多。初期
因為想家，故而回台頻繁，事實上是
藉機回家喘息。當親朋好友好奇的問
及柏林的一切時，總是在一陣期待，
又一片沉默，再大笑我故事編得不好
笑，然後、和我一樣傻眼，不敢相信
柏林的「異象」，旅行和定居最大的
不同是，旅行累了可以回家，定居卻
是累了也只能繼續奮戰。但在這些過
程中，即使這裡沒有令我一見鍾情，
卻也日久生情了。而一轉眼五年過去
了！

初到柏林定居時，發現這座城市好

「冷」，尤其是對於外來移民的不友
善，與我當時在法國的感受相距甚遠。

有一天我推著娃娃車正要出門，看到
不遠處有一位鄰居正推著小朋友回
家，我自然的點頭微笑，對方卻沒有
反應，本來想大概是她沒有看到我們，
當距離拉近時，我和車裡的寶寶再度
熱情示意，而對方竟以視而不見的態
度仰首離開。那段時間我和寶寶都得
了自閉症，不敢再跟路人問好，也沒
有朋友。

象徵新生的彩蛋是慶祝復活節不可少的要角。

用美食建立友誼

一天我跟先生提出了 House Warming 的建議，他認為對不熟識的德國鄰居來說，也許突兀了點，但仍接受了我的提議。那天我們請了全棟樓的鄰居，一共來了二十多個人，塞滿了我家，一待就是八小時。自此我開始三不五時在每個鄰居門前擺上我的食物，而全棟樓的人也就此敦親睦鄰的仿效我的做法。去年我們搬入新家前，我的老鄰居們甚至含淚目送我們離開。

我愛做菜是因為「愛吃」使然，愛吃的人總喜歡在廚房大展身手自娛娛人，藉此「分享」我們內心的熱情，

食物成了我傳達友誼的媒介，也是顯現真誠的最佳方式。

現在我已成了辦趴女王，總是利用各種可能的機會和節日……等理由，邀請全家團聚或朋友們吃吃喝喝閒嗑牙。大家都對到我家作客興致高昂，因此我們家總是高朋滿座，這不只是因為我的手藝，更因為我們的「大方」（歐洲人請客很節制），在這件事上，最高興的是扮演大金主的我家先生，因為他終於可以卸下德國人冷漠嚴肅的盔甲，以台灣人的方式與客同歡。

身為天主教徒的我，也愛參觀教堂，上百座的教堂巡禮，讓我心靈平靜，讓我的愛滿溢。

透過旅行看見世界

旅行絕對不只是我的最愛，相信絕大多數的朋友都熱中於此。從當年在廣告公司以旅行紓壓，到後來去法國學藝，旅行一直是我生活中非常重要的事。

近年來台灣人的休憩觀念日盛，捨得在繁忙的工作之餘，以休閒旅遊作為平衡與調劑，這是一件讓人樂見的好事。自從定居歐洲之後，受到歐洲人生活態度的影響，喜愛旅行的因子不變，但對於旅行的方式和品質有了新的領悟。

古希臘建築。

海拔 3000 公尺的西西里火山口。

歐洲人的生活講求「自然」，不誇飾做作，更不在乎別人的眼光，每到假日哪怕是公園裡，到處可見慵懶的人群徜徉在日光下享受自己欣賞別人，不需要花大錢的舒服自在。另外，非常喜歡參觀古代建築和藝術的我們，常常利用旅行去參觀難得一見的地理景觀或歷史遺跡，加上有一個專業的導覽——我家先生的伴隨，讓每年的旅行充滿了豐富的知性與感性。

絢麗的「百變女王」柏林

即使現在我仍無法為柏林寫下最佳且正確的詮釋。就連生活在東西柏林的原住民,對彼此的認識都可能流於片面並充滿刻板印象。這座大大不同於其他德國大城的異類城市,每天不斷且迅速的湧入大量的新移民,哪怕德國政府對新移民是如何的不歡迎不友善,仍無法阻擋來自世界各地的人們「瘋」湧進柏林的心,一切只為成為「柏林人」(Berliner)!

最近有一份國際報導指出,「柏林」不但是全歐洲年輕人最嚮往定居的第一名城市,更躍居為全世界第二名(遠遠的狠狠的把一般人印象中的紐約、倫敦、巴黎等甩在腦後),當這報導一出,就連我們這群定居於此的外國人,也好似被鍍上了一層金,「柏林」真的不再是五年前令我嫌惡又難以消化的可怕之地了,縱然它還是很髒很窮很亂,卻依舊很性感、很有個性、很驕傲的傲視著這個充滿包裝又虛偽的世界。

在柏林,沒有什麼不可能!
德國是一個無「法」遁形的國家,巨細靡遺的法律充滿在每一件大大小小,你我可以或完全無法想像的事情上。唯獨柏林「無法」可治!不管德國的律法再森嚴,但到了柏林似乎就是不太管用,例如在柏林開車總是讓我嚇得皮皮剉,違規超車不打方向燈

或超速等，眼睜睜讓我見識了另一個
非常不一樣的德國。

到了柏林，就如同到了另一個國家另
一個城市一般。柏林自有一套法規，
任何讓你意想不到的事情都有可能在
柏林發生，所以我們要時常提醒自己
這是「柏林」，或者總是聽到旁人提
醒說因為這是「柏林」等等。

柏林在餐飲上的一日數變
把話題拉回我的專業——「吃」。德
國人對吃的不重視與缺乏美味料理，
往往讓人詬病，在「柏林」更是嚴重。
多半的柏林人「窮」，但不管窮不窮，
都捨不得花費在吃，光是這件事，就

讓我初到柏林的前兩年，不但百思不
解，而且日子過得清苦寂寞。但隨著
柏林在世界的聲名大噪，讓原本貧瘠
的城市受到各專業領域人士的澆灌，
如今百花爭豔美不勝收，現在的柏林
不但是全球藝術家必要朝聖之地，更
已晉升世界設計之都，想當然耳，在
美食上的表現也日新月異，相較我初
到的五年前，進步的速度和成績令人
咋舌。

Chapter 2

啟動 *Supper Club*
計劃

幸運之神降臨

在德文學習上一直無所獲的我，唯一擔心的是未來如何在柏林工作。日子漸久，認識的朋友也愈來愈多，每當談及未來的工作發展，總不忘記把我的傻人計劃提一提，這天，幸運之神降臨了。

在跟一些新朋友帶著孩子們在公園玩耍時，順口一提的傻人計劃竟得到一個朋友的回應。她曾參加過一次很特別的晚餐，這個私宅餐廳由一對夫妻主持，先生是業餘藝術家，風趣幽默，負責外場招待；而太太則在廚房掌廚，共餐的十幾位客人來自不同的國家，可在餐間互相交談和認識，完全不同於上一般館子的經驗，非常新鮮有趣。這不正是我夢寐以求的想法！突然間一道希望的曙光閃現眼前，也許美夢即將成真。在朋友傳來了聯絡資料後，我立即聯繫了這對夫妻，訂下了三個星期後的晚餐。

▍歡樂驚奇的晚餐饗宴

我們在晚間七點半抵達，開門的男子真是一派藝術家的頹廢氣質，笑容可掬，舉止大方，他就是今晚的男主人Tobias。舉止更像個舞者的Tobias（或者因他嗜酒總是步履翩然），為我們介紹了在場的賓客，斟上了酒寒暄幾句後，便一溜煙的飛走了，留下我們獨自在客廳閒聊。八點前賓客姍姍來遲，原因是週二的晚上，必得在公事忙完後跨越重重車陣趕來，延遲了不少時間。

Tobias 的家雖為一般的歐洲設計，但多了藝術和書卷氣息。今晚的「用餐室」平日則是他的畫室，好有氣勢的畫室喔，寬敞的空間，大大的落地窗，

白己手工製作的十八人原木大長桌，
準二十五坪跑不掉。正在廚房裡穿梭
的是個頭嬌小的 Carolina——Tobias 的
妻子，今晚為我們操刀晚餐的靈魂人
物，外加一名義大利籍的幫手。

Carolina 來自英國，氣質優雅，因個
頭小看來格外年輕，事實上她已經
三十五歲了。她從未接受過專業的廚
師訓練，因為對料理的熱情和好客，
大膽嘗試了專業餐飲的工作，用心的

邊做邊學，一路走來也有五六年了，他們的 Supper Club 不但在柏林是元老級，也名聲響亮。

我非常喜歡 Carolina 的半專業廚房，有大型的專業爐台、蒸烤爐、大型料理台和擺滿料理書的牆面及碗盤架，和從廢棄教堂裡搬回來的祈禱椅，在此成了他倆的個人用餐桌，很別致。我喜歡在歐洲生活的主因之一，是他們懂得如何生活，懂得如何把生活過得簡單、過得自在自然有深度。少了粉飾矯情的名牌和排場，舒服輕鬆卻看得到程度。

在這裡，我發現 Supper Club 的主特色之一，是盡顯主人們的自我風格和氣質。居家設計是傳達此意的最直接方式。在起居室的小几上擺著幾款精緻的 Canapes，大家自動的圍著小几而站，邊啜飲著開胃酒，邊試嘗著主人的開場巧思，自由穿梭在來訪的賓客間，閒聊認識彼此。

Supper Club 的主特色之二，是沒有菜單。不會事前告知菜色，以期帶給大家味蕾上的無限驚喜。主人們多以多元富個性化的創意料理呈現，完全不同於一般餐廳用餐的制式心情。近

餐桌上鋪著米白色的模造紙和彩色筆，可當成餐桌布。

八點半，男主人開始招呼大家到用餐室入座。他們很幸運的一口氣租下了這雙併的公寓，大約有百坪空間，一半為自家起居，另一半則為畫室兼 Supper Club 使用，足以一次容納十八人的賓客用餐區，寬敞又舒適。

Tobias 的家沒有過多的裝飾，在十八人座的大原木餐桌上，鋪著米白色的模造紙和彩色筆，除了當餐桌布使用外，還兼具了賓客們隨意塗鴉和留言的功能，而後拍下來上傳給賓客，不但回味無窮，有趣也顯巧思。

Supper Club 的主特色之三，是個性與特色很重要。這種新穎的餐飲概念，是為打破一直以來在「餐廳」用餐的老舊模式。格外輕鬆又有創意，適合潮流又吸引人。接著，大家像是玩起了大風吹似的，開始東挑西選的想找個好位子坐下，當然跟先前閒聊時間所建立的小小人脈有點關係，也關乎自己想認識的新朋友類型。

今晚坐在我旁邊的是來自瑞典的兩個大男生，從事童書設計的他們，自然天真風趣幽默，聊起天來一點距離感都沒有。而對座一位來自日本大阪的

| Supper Club 打破在「餐廳」用餐的老舊模式。

型男主廚,旁邊坐的是義大利設計師和德國醫生美眉,斜對面則是貴族高校老師及知名劇場老闆,大家開心的閒聊吃飯喝酒狂歡,整桌最 HIGH 的就屬我們了,讓遠在桌子左右兩側的人好羨慕。

Supper Club 的主特色之四,是結交新朋友的最佳場合。我們永遠都無法預期今晚宴會所來何人?什麼樣的背景性格?所有的「不可知」增加了不少

神祕感和數不完的驚喜。這些來自不同文化、國家、背景的朋友,都為這特別的晚餐有備而來,不只是為了嘗鮮,也為了想多認識一些新朋友。

接著,晚餐陸續上桌。這時才在桌上看到今晚的菜單與酒款,霎時間一片無聲,大家開始認真的讀著菜單研究菜色,一邊等待晚餐出爐。先是 Tobias 優雅飛舞的為大家介紹妻子用心烹調的美食,再依菜色推薦酒款,

為大家斟上後又一溜煙的消失於瞬間。一個優秀的主人一定要像 Tobias 一樣，要保有在家主持不可少的自在悠閒，不要過多的制式和叨擾，也要適時適度的進出給予恰當時機的服務，這考驗著主人的智慧。

大家開始認真起來品嘗食物，也開始互相討論起菜色並給予評價。你可以肆無忌憚的對主人燒的菜評頭論足（這是身為主人的我們要有的心理準備），最後奉上甜點、咖啡和精緻小點心。晚餐後，大家更是輕鬆的天南地北消磨閒聊到深夜。最後各自到收銀櫃自行繳費，在留言本上寫下餐後語，也許和新認識的朋友互相留下信息，互擁道別後，愉快的踏著月光蹣跚賦歸。這場十八人的晚餐是我們的 Supper Club 初體驗，難忘而美好。

今夜的美食一一上桌。除了品嘗食物，可以互相討論菜色並給予評價。最後奉上甜點、咖啡和精緻小點心。

Muse 一角。

Supper Club 外一章

這新鮮的「Supper Club」從三年前的個位數，到現在的數不清，已成了來自世界各地朝聖柏林的人們「必遊」之地。去年底 Tobias 和 Carolina 夫婦所經營的元老級 Thyme Supper Club，搬家後擴大營業。這間稱為 Muse 的店看來跟一般餐廳大同小異，週間賣著自己的創意菜色，其中一款稱為 BelinerBao 的中西式漢堡，點子來自台灣的「刈包」，經過改良後成了他們的招牌餐點。

而重頭戲當屬週末正港的 Supper Club，但這回 Tobias 展現了無比巧妙的創意，邀請各具特色的 Supper Club 主人，以客座主廚的方式與更多客人交流，帶動了各 Supper Club 之間的互動，讓 Supper Club 的社群範圍擴大，以「團隊」的姿態展現多元風貌，但，仍不失其神祕又獨特的風采與精神主張。

尋味柏林

柏林熱門 Supper Club 指南

1. Daniel's Eatery　http://www.danielseatery.com
2. Fisk & Gröönsaken—http://groonsaken.wordpress.com
3. Metti una sera a cena—http://mettiunaseraacena.wordpress.com
4. Mulax—http://www.mulax.de
5. b.alive—http://www.balive.org
6. Chi Fan—https://www.facebook.com/chifanberlin
7. Speisenklub Neukölln—https://www.facebook.com/speisenklubneukoelln
8. Die Weinküche—http://weinkueche-supperclub.tumblr.com
9. Tabula Rasa—https://www.facebook.com/groups/263279293761578/
10. Mealup—https://letsmealup.com
11. Foodoo—http://www.foodoo.gr

催生我的新事業

在參加 Supper Club 的餐宴後，我不但馬上興奮的昭告周遭朋友，最快樂的，莫過於我的傻人計劃終將實現了！雖說當時大家都認為「私宅餐廳」是癡人說夢，我卻一直沒有放棄的告訴自己「也許有一天」實現的話⋯⋯因此不論在居家的設計布置上，或家用或廚房的任何添購等，都是以此信念為標準。所以當這夢想成真時，完全沒給我們增添太多麻煩，除了幸運外，堅定的正向信念絕對是奮鬥人生的路上不可欠缺的條件。

▌以新名號勇闖歐洲

接著面對最大的難題便是如何命名了？這件事曾小小的困擾了我一段時間。在人生地不熟的國家，光是適應環境就不容易，還想在自己家裡關著門做生意，任誰想來都傷腦筋。首先得認清的，就是在台北辛苦耕耘的這十幾載的成績，在這兒是一點用也沒有。

接著便是連日伏案絞盡腦汁，想要無中生有總是起頭難。我做了多方面的嘗試，要便於記憶、易於上口、像有那麼回事又響亮……某個週日上午做完晨禱才坐上書桌工作，突然間「Phoebe in Berlin」就突然閃現腦海！Phoebe in Berlin，Phoebe in Berlin……反覆在心裡念著它，立即便眼裡有光、嘴角上揚，太棒了！完全吻合以上所提的易記、上口、很像回事又響亮。

尤其是還能配合得上咱們家那位命盤裡驛馬星旺的先生，不知哪天又要派往哪座城市上任，到時候只需改個地名就可易地另起爐灶了。開心到不行的我，趕緊喚來正在樓下忙活的先生，告訴他這個新名字。不消說也和我一樣很開心，甚至比我更興奮的衝下樓去找家人做起市調了！

市調後的結果不但讓我們鬆了一口氣，並且興奮的再度坐上書桌重操我「設計人」的舊業，開始設計起最重要的名片、菜單等，還有操持著對外宣傳掌管入口生意的「網頁」規劃和設計。到此，心中沉重的大石漸落，每天埋首桌前趕工的同時，不時的仰望窗外正漫步天際的雲朵，相信在不久後的未來，我的「Phoebe in Berlin」即將面世。

▋ 東西設計品味大不同

經營 Supper Club 最困難的，是要如何讓他人知道和認識有這麼個地方。由於是關起門來做的生意，既沒招牌，也不可能有過路客的光顧。打出的網頁要運氣好被人搜尋得到，還要內容夠專業夠吸引人，最後客人願意上門光顧才算得了數。所以最大的問題仍是那「起頭難」的第一步。

不要說我過去十幾載的人脈關係一點都派不上用場，連專業採買的廠商都不知哪找去。最慘的是，一開始，我在這裡認識的朋友屈指可數，就算認識也未必是願意花錢吃飯的人，所以草創初期，行銷上可是讓我們苦惱了一段時間。

後來找來了我家先生的好朋友操刀製作我的網頁。妮可是一個執業多年的專業平面設計師，她專程從科隆遠來柏林，討論設計內容和方向，這是我少數幾次跟國外設計師的合作之一，很有挑戰性和難度。

「語言溝通」和「溝通語言」是要面對的第一關。再者「彼此的理解」和「理解彼此」所需所講等等，第二關就更難了些。最後我想表現的「法國味」，對一個很「德國」又很「義大利」的妮可來說，不是那麼容易了解，也難以達到我的期望。因此，我們歷經了兩個多月的討論、磨合、修改後，終在 2010 年 9 月完成了美麗的網頁，並在 10 月底正式上路。那是一個令全家人欣喜又難忘的日子，一步步接近我夢想的日子，終一於一啟一程。

有了好的行銷網頁是成功的開始，接下來就等著有緣人來敲門了。

▌菜單設計的重要性

除了行銷工作外,餐廳的基本當然還是食物,所以在決定菜單格式之初,我們做了各種不同的評估,包括市場調查、市場定位等研究,這是開發新事業之前必須要下的工夫,對於產品定位、市場行銷和策略等都得事先企劃。

首先考慮的是「客層定位」,一定要以「自我能力」高低為考量的標準,絕對不做過與不及的錯誤評估,更不可一味的追隨別人的腳步,或不自量力的做了過高的計劃,不但效果不佳,也會徒增自己的困擾和壓力。對開展初期而言是非常危險的事。

簡單來說,就是以「自己的強項」為定位點,若希望表現得比能力更好,可以在日後隨著自我能力的提升和市場的肯定後,再加以調整,切莫大意

評估標準,做了不符合自己程度的高估。一開始的客層定位不清或不對,失敗的機率是相當高的。

以我的「Phoebe in Berlin」為例,因為在台灣經營時以中高消費層為主,十分清楚此一客層的消費心理和習性,明白如何服務和滿足客人的需求。雖然遷居他鄉,仍決定以我擅長的客層為出發,也藉此區隔與其他同業間的市場,雖然略有風險,但經過嚴格的評估後決定一試。

為此,我們做好了諸多的應變措施以防不備,針對了消費層的性別、年齡、職業、經濟狀況和信仰習慣等,還有主人的個性、空間設計、風格表現、料理的取向和成本高低、定價等。十分幸運的我們成功了,這全賴於正確的評估與成功的策略。對這些展

業的重要環節把好關，加上自我的努力，及隨時應變市場的準備，危機處理的能力，相信自創一個屬於自己的 Supper Club 絕不是難事。

最後，在考量營業時間長短、菜色分量和用餐的節奏感後，我們決定以三道開胃小點（canapes）與開胃酒（aperitif）、三道前菜（starters）、兩道主菜（main courses）與兩道甜點（desserts），附餐的咖啡或茶（coffee or tea）與小茶點（petit four）等，組成了十一道豪華套餐為定案。

在一般餐廳用餐，餐後的飲料不在供應範圍內。但以自宅開設的 Supper Club 而言，我以招待朋友的心情，附加提供咖啡和中國茶等服務，精緻用心外，再加送一份茶點，小小的用心讓人感受到主人大大的熱情與貼心。

這一套華麗組合打破了我過去的經驗，因為道數很多，不論在採買、準備和料理上的心思與時間，都變得更繁瑣複雜與費時，但熟能生巧，在試賣後，得到消費者的絕佳回響，頓時信心大增，決定放手出擊。

儘管需要考量與觀察市場上的變化和潮流，但「料理」本身的品質，才是決定一家餐廳的口碑和興衰的關鍵。做出具有自我風格及對食物美味的最基本掌握，才是所有料理人應該具有得「最基本」也「最高深」的學問。

幸運之神再度敲門

網頁上線後，我們碰到了兩位大天使。

起初我們先從認識的朋友開始嘗試營運，邊做邊修正內容，也一面增設硬體。在得到好朋友和新客人的熱烈回響後，確實讓我們寬心不少。不久後，我們就回台北省親度假去了。沒想到，竟然在台北收到了一封來自倫敦的驚喜！ Supper Club 繼美國與倫敦的成功風行後，也在柏林如雨後春筍般的蓬勃興盛。倫敦大報《The Guardian》對柏林的 Supper Club 做了一趟地毯式的搜尋和過濾，預備精選前十名的佼佼者 ——「10 of the best Supper Club in berlin」。

這突如其來的信函讓我們驚喜萬分，但又開始擔心才剛回到台北的我們，要如何配合他們的柏林專訪呢？經過我家先生的聯繫溝通，幸運的我們破

例在台北接受越洋電話訪問，這長達一個半小時的訪問，不但可見《The Guardian》的重視和用心，而我們的營運主張和我的專業背景，也讓遠在電話那頭的記者 Rachel 十分感動，為我們寫了一篇精彩的專文，文章一登出，立即為「Phoebe in Berlin」殺進了幾百人次的閱覽率，而且效應至今餘波未停，讓人不禁為《The Guardian》的強大報導力和渲染力感到驚訝。在《The Guardian》報導的推波助瀾下，「Phoebe in Berlin」順利踏出了成功的一大步。

不久後，經由口碑傳遞，我接到了 Suzan 的訂位。Suzan 如一般客人般依約前來，唯一不同的是，她要求拍照的尺度跟其他人不同，而且整場飯局拍照的時間占去了大半，這讓我們覺得有點奇怪。過了幾天我接到了

Suzan 寄來的照片，這些照片真是好
看極了，令人很開心。

不多久我們的網站竄入了一群新的
客人，這些人都是因為 Suzan 的推薦
而來。這時我們才明白來自倫敦的
Suzan，本身不但是知名的美食作家，
更是一名超人氣的美食部落客，她的
部落格經營有序且挑選嚴格，深得大

眾市場的信賴，只要被 Suzan 肯定的
目標必會為市場大眾所追逐。而後
Suzan 也成了我們的朋友。

這兩位大天使為我們初期的事業
衝鋒護航，為初上場的「Phoebe in
Berlin」創下了佳績，直到三年後的今
天仍然十分受用。不僅驚奇其效應，
也讓我始終感恩於心。

Suzan Taher 攝影

來自 Suzan 有感情的美圖

新的經營方向：中菜上桌

某天中午，我的官方信箱傳進了第一封訂位信，這讓我那天的心情飛揚起舞。
對方是七個來自挪威的女生，將到柏林夏季旅遊，因為《The Guardian》的報導
對「Phoebe in Berlin」的興趣濃厚，不但立即訂位，也詢問來自台灣的 Phoebe 是
否也可以提供中式料理？這一提問真為難了我，雖然我是台灣人，並不表示我
可以燒出好吃的中國菜。但客人的要求卻正中我家先生的下懷，他不只愛台灣
這寶島，更愛島上的中式料理，對他來說這是人間最美味！

看到新客人與他是同好，自是高興不已的大力推崇此路可行，也勢在必行乎。
因著我的「特殊」背景，也呼應歐洲的特殊市場需求，被軟硬兼施的開張了我
的中餐桌，不但大獲好評，還在網路上被熱烈討論，於是乎這號稱世界兩大美
食的中法料理，正式的在 2011 年於「Phoebe in Berlin」的餐桌齊鳴！

▌ 為何中菜是窈窕殺手？

在認識我家先生之前，為了保持身材，已經多年不吃中國菜了，就是為了避重鹹、避油膩、兼養生，我總認為中式料理之所以好吃，該有的油爆、醬香、鹹燒等條件一樣不可少，若為了愛美或養生必須食之無味，那還不如不吃罷。再者因為中式料理重視火候，絕少有人能在廚房料理時還能兼顧優雅美麗，而我在廚房工作時最討厭的就是油煙臭了，所以中式料理一直難以登上我的餐桌。

自小也是吃中菜長大的我，雖然不是富裕家庭，但爸媽的好手藝養刁了我這不滿足的嘴，後來學會了法國菜，更是刁上加刁得更難伺候了。料理中國菜和享用中國菜都與我的健康美學相悖，只好捨棄，改用我最愛的法國菜遞補這美食大位，吃得優雅健康又開心。

但自從我們家先生進入我的人生後，生活一下子變了樣，不但改變了我的生活習慣，還硬生生的改變了我的飲食原則。他強迫一向不吃早餐的我，一定要陪伴他吃早餐，也要求我這個除非必要絕不在晚間六點以後進食的人，每晚陪著他吃晚餐，還要煮他最愛的中國菜，尤其是那些如宮保雞丁、東坡肉、紅燒獅子頭、三杯小卷之類會肥死人的菜，所以現在可好了，隨著我搬來德國的年數日增，我的體重也以一年增加一公斤的速度上升，到年底將邁入第四公斤的驚人成績。我該怪他改變了我，還是要怪自己的定力太差呢！縱然在烹煮時已做到能低則低、能減則減的地步，但與我的輕法國養生料理相比，還是「鹽」重許多，當然要抱怨中菜對我身材的破壞力啊。

先生愛吃的東坡肉、鹽酥蝦，都是美味和熱量成正比的中國料理。

曾經有過一段時間，我因為愛吃中國菜，而讓慘不忍睹的肥胖緊隨多年。當年在工作繁忙壓力又大的廣告公司任職，沒日沒夜沒休閒沒正常吃飯時間，生活除了工作外，只有難得的睡眠。而當時的幾家公司又在俗稱「廣告街」的南京東路上，這裡是商辦和住宅的混合區，大小餐廳和小館子充斥其中，不乏可口美食，哪怕是商業快餐都好吃極了。在這樣的生活方式下，體重和健康不知不覺呈現負成長，就這麼的墮入了肥胖的深淵。

直到有一天被一位留美同事刺激到為止，這印象中的小胖妹竟搖身一變成了纖瘦美女，讓眾人驚豔驚呼不已。隨後得知她的減重祕方是來自正確挑選食物和改變烹調方法，更重要的是絕對不可以用不吃來減肥。從此，我們成了每天上營養中心的快樂夥伴，開始以健康美麗為依歸，直到完全擺脫小胖妹的封號。

之前放肆貪嘴又不健康的飲食方式，讓我花了一年多的時間，才成功的甩

細究食材的源頭和營養成分,為客人的健康把關,是餐飲人必備的態度。

肉恢復體態,在那段和營養師奮戰的日子裡,我學會了如何選擇食物和正確的烹調方式,它不但改變了我的飲食習慣,更堅定了我對烹飪這檔事的重視和執行力。從此我的健康字典裡留下了嚴厲的「斤斤計較」和「人可以老但絕不可以胖」的魔鬼規章。

這已是好多好多年前的事情了。一旦有了正確又積極的健康營養概念後,我更加努力研究食材,不論栽種或飼養的方式都盡可能的去了解,並學習每種食材的營養成分和最佳烹煮法,除了為自己和家人的健康,也更廣泛的運用到餐飲事業,以同樣的原則為客人的健康把關,掌控每道端上桌的美味。須知,「料理的良心」才是所有餐飲人絕對必備的態度!

當我開始學習法式料理後，便對於法國人在取材上的用心與嚴謹感到讚賞和佩服。

法式烹飪改變了我對飲食的看法

從事法式料理工作轉眼十八年，在學習法式料理後，我不但對其美味大為推崇喜愛，更認同與肯定其烹調方式。

在著重「調味」的中式料理中，我們吃慣重鹹與油膩，我深知各式醬料在中餐裡所占的重要性，除了使用頻繁外，量也少不了，過量的油鹽香辛料和不知所以然的化學添加物，都因為「太好吃」而加得更肆無忌憚，成為日後健康上最可怕的殺手，自然無法與吃食物「原味」的西式料理相提並論。

當我開始學習法式料理後，便對於法國人在取材上的用心與嚴謹，和烹調時的耐性與講究，感到讚賞和佩服。一絲不苟的要求無非是為了完美的感官享受，眼所見的新鮮唯美、鼻所嗅的深刻香濃、口所嘗的味蕾幻化，皆大大感動身心。所以不論手藝高低，總是要吃得輕鬆享受又沒負擔，美味與健康定要同步兼顧才行。

中菜法國化計劃

而在正式決定讓中菜上桌後，我為了達到中法兩種料理間的平衡，除了把握四少原則（少油、少鹽、少糖、少醬料）外，也絞盡腦汁的把多樣的中式菜色「法式化」，意即將原來爆炒類的菜色如「京醬肉絲」，或慢燉的料理如「東坡肉」，及超高人氣的甜點「芝麻湯圓」，都以法式的方式製作成精緻醬汁，盡量降低無謂的醬料使用，除維持其風味外，更多了健康。

而出餐的方式也完全比照法國菜，以小分量多道數上菜（總共為十一道），完全擺脫了讓外國人害怕的大鍋大碗，群筷齊飛入盤的供餐方法，避免了印象中中國人吃飯猴急的恐怖群像。取而代之的是精緻小分量，由服務人員一道道慢慢的上菜，讓用餐者在優雅的用餐氛圍裡，細心品味我的用心美食，也有充裕的時間與共餐的

陌生朋友建立新的關係與互動。

此法一出，不但深獲各界好評，也為我的新工作帶來了無窮商機，更為我們落腳新城市的生活帶來了數不盡的樂趣。藉著來自不同國家的他們，不但加速我們認識這個城市，也讓我們有機會認識各個不同國家的人，並進一步了解他們國家的文化和風土民情，真是讓我們驚呼的意外收穫。

料理時以法式的方式製作成精緻醬汁，儘量降低無謂的醬料使用。我的出餐的方式也比照法國菜，以精緻小分量由服務人員一道道慢慢的上菜。

▋ 歐洲的中菜進化史

猶記十幾年前單槍匹馬初闖法國，語言的隔閡、文化的差異、和專業學養的不足，總是在學習的路上跌跌撞撞。如何進入當地人的生活領域、如何融入他們的生活取得他們的信賴和友誼？搬出我的「故鄉美食」成了我當年的最佳武器。在當時的法國想找到烹調中菜的食材實在有限，但對一向不喜以醬料入菜的我來說，只消有一瓶醬油、一小瓶香油，這些僅有且不難取得的有限，加上就地取材的隨性捻來，就足以讓我在法國打天下，並建立起深厚的人脈基礎至今。

但現在歐洲人對亞洲美食的興趣，完全不可同日而語。一向嗜辣的我總是愛在菜裡來一點提味，但哪怕一點點的提味都讓當年的他們哇哇大叫，只有碧姬是我吃辣味的好夥伴，她吃辣的程度遠遠超過我的想像，所以總在

每年回法國的行李中塞下一斤的朝天椒作為禮物，經濟實惠且賓主盡歡。如今，在我「Phoebe in Berlin」的餐桌上，總有人上門來踢館，「挑戰我對辣的極限」。為此，養成了我到處「蒐辣」的習慣，不論在餐館用餐還是到超市採買，更遑論它的出處，只要它夠辣夠嗆夠不同，一律會被我帶回家，除了自己喜歡，還得為不時上門踢館的人「備戰」呢。

當時的歐洲人最愛吃的中式料理，首推糖醋里肌（咕咾肉）、熱炒牛肉或酸辣湯之類的，因為害怕嘗試新口味，所以點菜時總是一成不變。經過這十多年的歲月洗禮，東西方的交流，他們對中式料理的認識和接受度有著顯著的改變。他們最愛的中式美食包括水餃、鍋貼、燒賣、牛肉麵、包子和蔥油餅……這些麵食料理類絕對是菜

單上的常勝軍。另外像是東坡肉、清蒸魚蝦、麻辣牛肚麻辣鍋、宮保雞丁、甚至是炒青菜等，道道令他們折服。

而讓這些歐洲人超級害怕且保持距離第一名的，當推我們的臭豆腐（麻辣臭豆腐更甚）！被他們形容像馬桶裡的東西的臭豆腐，讓他們有著無法下箸的無奈和恐懼，縱然入口後的滋味並非太壞，也仍然無法翻轉他們一聞到拔腿就跑，而且還非得朝逆風方向跑的驚恐。這被許多國人喜愛的國寶級美食，竟有這麼強大驅逐蠻夷的作用，真是讓我哭笑不得呀。再來如又黑又醜英文譯為 Thousand egg 的皮蛋，和苦瓜、肉鬆等為數不多，被豐

歐洲人對中國料理的接受度日增，連麻辣鍋也大受好評。

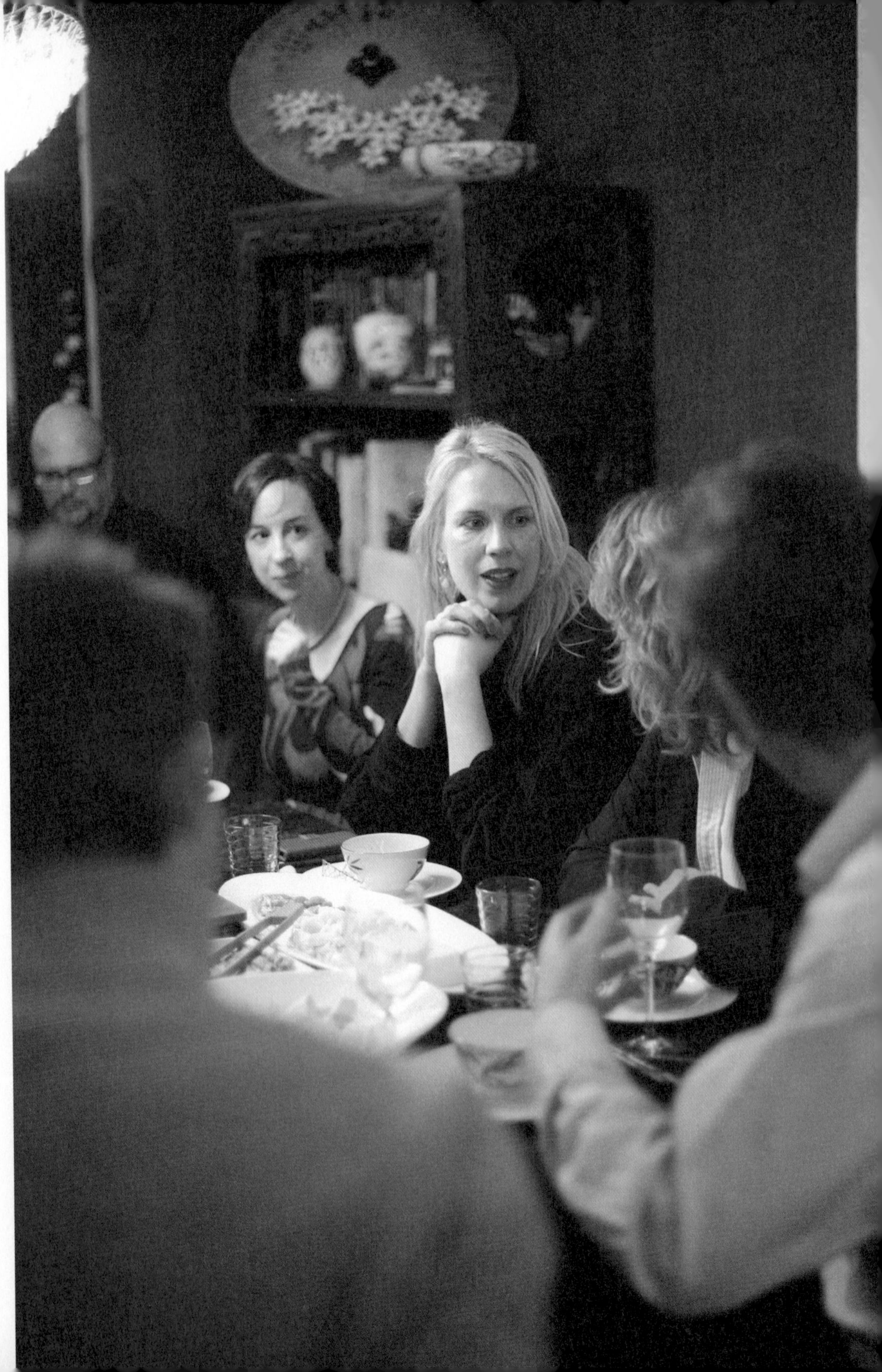

富想像力的西方人深惡痛絕的食物。但無論如何，和當年相比，已是進化許多了。

由於大多數客人旅遊世界的經驗豐富，享用中菜的機會不少，但對於菜色的認識和選擇還是有限，對中菜過於油膩重鹹的抱怨聲還是時有所聞。針對以上的意見交換和溝通後，我理出了一套 Phoebe 式的中菜譜，力求戒除以上的缺點，取而代之的是摩登新中國潮（Modern New Chinese）的品飲概念，初期兩年以 80% 的比例推廣傳統菜色，因為回客率的增加，計劃可在明年開始調整創意菜色的比例，如法國菜般的醬汁使用會更大膽廣泛，而盤飾則更加精緻美麗。

算算在「Phoebe in Berlin」已經上過無數的中國菜色，大多數來說重口味的食物絕對討他們歡心，但我仍然希望把我堅持的「吃美食也要吃健康」的原則，透過我的一道道料理散播出去。

我所設計的套餐中葷素均衡，甚至素菜上桌的機會更多，而他們也被我的簡單速（素）食所吸引。食物的原味和新鮮清脆的口感成了我的招牌，深獲人心，也因此在被邀宴客座主廚時，並非專業中菜出身的我，卻特別以中式「養生」的概念作為我晚宴的訴求，也是一大特色。

對食物營養的重視已漸漸在德國這個社會中瀰漫開來，從他們日漸增多的有機食品店，和到處可見的有機廣告便不難看出，但我認為講究食物來源的新鮮自然固然重要，然而如何「調理得當」，更是現代人講求健康原則必要學習的重要功課。終於，在幾多的磨蹭與掙扎中，我的中式餐桌終於找到了新定位與新方向，也為我的新工作另闢了一大戰區，增加了「Phoebe in Berlin」的可看性。

我的中菜進修班：學習和改良中菜料理

說到底，在柏林被動的以中菜料理人的身分現身一事，並不在我原本的計劃內，想要燒出一桌夠稱頭、上得了檯面又可以賺得了錢的中國菜，除了勤下工夫外，也沒有其他的方法，為了「Phoebe in Berlin」即將提供的中餐料理，我開始趁著回台北的機會大量購書，大吃知名中餐廳和坊間的特色小館子，能夠無憂的大吃中菜雖是一種享受，但想同樣的燒出一手好菜，則非人人能為，如能得到高人指點，那該有多麼幸運呢。

▎胖胖大廚傾囊相授

因地利之便，我總愛在回台時，造訪天母的 Lili 上海菜餐廳，這家摩登小上海風格的餐廳來自地道的上海家族，由時尚教母溫慶珠的姐姐和姐夫所經營，打造了一個新上海風的料理和空間。餐廳以 Lounge bar 的設計形式呈現，二樓提供畫家老闆 Patrick 和其他藝術家做畫廊之用，空間寬敞又有創意，不若一般館子的喧囂吵嚷，是可以好好安靜吃頓飯的地方。他們的上海菜不但好吃，價位和分量又合宜，冷峻的 Lounge 與上海的風情混搭，既有型又輕鬆，是我家聚餐和朋友會面的最佳約會處。在吃喝不遺餘力的同時，我也因此認識了氣質優雅的老闆溫姐姐 Lili 和大藝術家夫婿 Patrick，以及他們的胖胖大廚周師傅。

看來年輕卻有著大廚穩重身材的周師傅，料理年資也有二十多年了，光是在當年叱咤風雲的「蓮園」就熬了數載光陰，從學徒開始蹲廚房練就了一身好手藝，舉凡廣東、江浙、四川、湖南等菜系，多有涉獵，尤其在講究的上海菜領域裡更是鑽研甚深。雖有著重量級身材的周師傅，做起菜來可是動作靈活、腦筋也動得快，加上他的擺盤細緻俐落，難怪年紀輕輕就成了 Lili 的廚房掌門人，這除了得經過老闆溫小姐挑剔的嘴，最難過的關當是溫奶奶了。「店裡常客」溫奶奶的耳提面命，盡是上海菜的精髓所在，在溫奶奶和溫姐姐嚴格的指導和把關下，胖胖大廚的廚藝想不精彩都不行。

當胖胖大廚得知我的專業法廚身分後，訝異又好奇，更對我在柏林和他搶「中菜」飯碗感到不可思議，而胖胖大廚也就成了我日後請益中菜精髓的最佳人選。和胖胖大廚學了不少中

餐廳以 Lounge bar 的設計形式呈現。

菜料理後，我發現技巧確實與西餐大不相同。中菜對刀工的重視更勝西餐，中餐師傅的刀工練習和講究絕非三兩下的工夫，看到胖胖大廚輕輕鬆鬆將一大把的青蔥刨切成細絲，不但不打滑，且粗細一致，還能無視手上的工作，一邊和我聊天，真是夠讓人瞠目結舌了。另外大家所熟知的大火爆炒的掌控，與大鍋炒的臂力，則更讓人稱奇。

我總在料裡中途突然打結時，立刻記下問題，以便回台北後向胖胖大廚請教。他除了熱心詳細的指導我分享經驗，傾囊相授且不藏私，甚至直接帶著我到廚房上一課去，尤其對於每個重要細節的交代絕不馬虎。對他深厚的功力除了讚嘆，更感動於他二十年來不減的熱情，及對我指導時的用心，完全不見「同行相忌」這回事。

雖然我對中菜美味的來源仍有微詞，太多無謂的醬料添加物、口味太鹹重油膩、火喉太嗆辣上火、不自然的工法使用太氾濫，都是值得我們正視和改進的部分。但在和胖胖大廚的往返討教中，我也對「Phoebe in Berlin」的改良式中國料理更有想法和信心。當然歌功頌德是不夠的，最後還是得祭出胖胖大廚的幾招絕活，以饗讀者朋友們，讓跟我一樣喜歡周師傅手藝的你們，有機會一起學習胖胖大廚的真工絕活，就從這幾道料理開始吧！

在和胖胖大廚的往返討教中，我對「Phoebe in Berlin」的改良式中國料理更有想法和信心了。

好料上桌的幕後推手

胖胖大廚周師傅的美味食譜

醉雞
Liquor-Soaked Chicken

- 材料 -
去骨雞腿 2 隻
切碎枸杞 10 顆
切絲當歸 2 片
紹興酒 50c.c.

- 醃泡汁 -
紹興酒 50c.c. 和米酒 10c.c.
（以 5:1 的比例）
枸杞 10 顆
當歸 2 片
鹽和少許雞粉

做法 -

1. 將材料混合醃漬 30 分鐘後，將去骨雞腿肉用鋁箔紙捲成圓筒狀包裹好。

2. 放入蒸鍋以中火蒸 15 分鐘至熟，取出後放入冰塊水中冰鎮。

3. 將醃泡汁混合（可依個人口味增減調味），再將蒸熟的雞腿放入，醃泡過夜至雞腿入味。

4. 食用前切片盛盤，再淋上少許醃泡汁即可。

- 胖胖大廚 Tips-

泡冰水的目的除了讓肉質更 Q 彈可口，且去骨更加輕易。帶骨蒸熟才不致讓肉縮得太小，形狀也更美觀。

在家自製花椒油：以花椒 200g 與沙拉油 500c.c.，下鍋慢炒至香味釋出，後熄火冷卻裝瓶即成。

椒麻雞

Chopped Cold Chicken with Hot Sauce

用蒸煮代替油炸，是大大減低熱量的好方法，若想節省時間可一次多做幾隻雞腿，蒸熟冷卻後放入塑膠袋中，再加入已經調勻的水、鹽和少許味精後冷凍保存，食用前取出解凍，切片盛盤再淋上椒麻淋醬即可。

- 材料 -
去骨雞腿 2 隻
鹽適量

- 椒麻淋醬 -
魚露 30c.c.
美極鮮味露 30c.c.
開水 30c.c.
糖 30g
（以上以 1:1:1:1 的比例調配）
蔥花 1 支量
洋蔥碎 30g
辣椒末 1 小匙
花椒粉 1 小匙
香菜碎適量

- 做法 -

1. 帶骨雞腿醃鹽靜置 15 分鐘。

2. 取蒸鍋將鍋水煮滾後，再以中火蒸約 20 分鐘左右後放涼。

3. 泡入冰水中冰鎮後去骨，切塊後上盤。

4. 將椒麻淋醬的全部材料混合，將雞腿盛入盤中，再淋上椒麻淋醬，撒上香菜即可。

-Phoebe's Tips-

我想跟多數的朋友一樣，在跟胖胖大廚請益時才認識了卡士達粉和酥炸粉。這在法國料理中是完全難見的食材。卡士達粉又稱為吉士粉，是一種食品香料粉，具有增色、增香、增加鬆脆度、定型及增加黏稠度等功用。卡士達粉呈淡黃色澤具有濃郁的奶香和果香味，與水調和後即成我們西式甜點常用的卡士達醬。

鹹蛋炸花枝
Fried Squi with Corn and Salted Egg York

這道鹹蛋炸花枝是我很喜歡的一道料理，但因為材料的選擇和使用，所以熱量很高，油炸的烹調方式偶爾為之解解饞，就算喜歡也得要有一定程度的忌口。

- 材料 -
切塊花枝 300g
剁碎鹹鴨蛋黃 2 個
雞粉 1 小匙
蔥段 1 支

- 祕密三粉 -
中筋麵粉 30g
卡士達粉 30g
酥炸粉 90g（以上三粉以
 1:1:3 的比例混合）

- 做法 -
1. 祕密三粉混合加入水調和均勻成炸糊，將花枝塊放入蘸裹。

2. 之後全數放入中火約 160 度的熱油鍋中油炸，邊炸邊迅速將炸物撥開，防止互相沾黏。

3. 待花枝炸熟後，再以大火將炸物的外皮炸酥至金黃色澤。然後撈出瀝油。

4. 在原鍋中留下少許的油，將鹹鴨蛋黃加入以小火拌炒，再加入少許雞粉調味，待蛋黃開始起油沫泡後，再放入花枝回鍋拌炒，最後加入蔥段略拌均勻即可上桌。

Chapter 3

歡迎光臨我的
Supper Club

最好的時光在 Phoebe in Berlin

在柏林主持的 **Supper Club**，簡直像是為我量身訂做的迷人工作，適合現在的生活所需，不論在體力的負擔和時間的控管上，都讓我能兼顧家庭和工作間的平衡，甚至有更多時間去做長久以來無法完成的事情，有空閒可以專心撰寫更多題材的書籍，這在過去的生活裡堪稱難得的奢侈，也是我這輩子以來生活品質最好、也最精緻的時光，完美又符合經濟效益的生活形態。

1　2　3

▌我的一週行事曆

我的晚餐約會固定在週五舉行。因為
星期五是週末的開始,有假期前夕的
期待感和自然而然的悠閒。賓客可以
盡情無憂的享受晚餐,順帶認識很多
新朋友。而我的一週工作排程是這樣
開始的。

星期二開始採買食材
我會在週二開始上市場去找尋食材。
當日的新鮮到貨、意外的新發現,或
羅列在食物清單中的品項,都會被我

一一消化過濾,成為週五菜單上的主
角。

隨時做個小筆記:我有隨時記錄的習
慣。會把逛街途中或採買時意外發現
的好食材、盛器或裝飾物……記錄下
來,作為日後需要時的補充。大家一
定有很多這樣的經驗,突然需要某些
材料或器具的時候,偏偏怎麼也找不
到。為此,準備一個小筆記(手機裡
的筆記功能也是很好的選擇),可避

圖1：逛市集就像尋寶一樣，逛不同的市場常有不同的驚喜。
圖2：市集上也有農家的手作醃漬品，試了味道，喜歡再帶回家。
圖3：新鮮蔬果當然要在市場買，可以從中看到季節時序的變換。
圖4：乳酪是外國市集中特有的產品，隨著熟成時間和製作方式不同，有各種不同的風味。

免草率買個救急品濫竽充數，造成日後廚房一堆棄之可惜的雜物堆積。

隨時留意新食材：嘗試新食材是專業廚師的嗜好和必需。每當碰到新鮮貨，我總會趁機買些回家品嘗，然後試著將它變成客人餐盤上的佳餚。因為提供中法餐料理的關係，一般的超市、傳統市集、亞洲超市，甚至是土耳其市場、越南市場……我都不會放過去尋寶一番。

把逛街途中或採買時意外發現的好物記錄下來，作為日後需要時的補充。

因緣巧合下和 Frische Paradies 的主管 Tanja 成了朋友。

當年在法國逛市場尋寶成癮的我，這幾年在德國也逛得很開心，可惜親義的德國多半只供應義國商品，想找到質優的法國商品就難多了，就算只是一塊法國奶油，也非得到貴死人的大百貨公司去撒錢才買得到。

當初為了找尋食材供應商，也讓我大傷腦筋過。但幸運之神總是眷顧著我，終於讓我找到了德國數一數二的大供應商 Frische Paradies，這是一間代表了品質、地位和榮耀的開放式專業大賣場，供應來自世界各地的新鮮食品和實用的廚房器具，雖然價格偏高，但還真是方便。因為他們高品質的形

除了食材之外，我也會選購當季鮮花做室內花藝布置。

歐洲不像四面環海的台灣，魚貨價格昂貴且多半是冷凍魚貨，要找到新鮮的好貨色，更要花心思。

象眾人皆知，若在餐桌上看到 Frische Paradies 出品，也相對證明了主人的品味。

我在因緣巧合下，和他們的主管 Tanja 成了朋友，也因此享有特殊待遇，讓我的荷包負擔輕鬆了不少。也因為距離我們家只需十分鐘路程，沒事不但可以去那裡的 Bistro 享受一頓午餐，也順帶一次搞定採購，十分方便。偶爾也會因為不同貨品的需求，或價格考量等因素，到不同的食材店採購。但找到理想的食材供應商，對廚師來說是非常重要的大事，解決這等大事，無疑讓我放下了心中的一塊巨石。

星期三敲定菜單

經過了週二的市場搜尋，通常週二我會利用半天時間敲定菜色，思考每道菜的烹調方式，並把所有的 Recipe 寫下來做成食譜冊。最後將週五的菜單打字後上好封套，完成後製工作。

星期四開始準備工作

週四我和助手會在中午開始工作，舉凡需要耗時熬煮的醬汁或醬料類，或

佐餐絕不能沒有好酒相配,我會隨不同的食材尋找適合的酒。

好油好醋，更是料理不可以少的食材。

可以事先切洗準備的配料，逐項準備標示後分裝冰存。多數的醬汁（料）經過一夜的熟成後，風味因此升級不同凡響。

星期五完成所有的後續和室內布置
週五日間我會完成最後的準備工作，

火腿香腸，這些洋人食材，得多花心思學習選擇。

這也是魚鮮類的採購與處理時間，我會依照不同食材所需處理時間的長短分項進行，待食材處理完備，再於午後開始整理室內，加以布置與裝飾。

等一切就緒，便可興奮的等待賓客臨門！

看似繁雜的 Supper Club 工作，其實可以在「適合」每個人的流程表下完成，完整的規劃可以提升整體工作效率和完美度，讓人井然有序從容不迫的把事情處理得更為妥當，因此量身訂做一份好的流程表是非常重要的。正因為不同的個人風格造就了多樣化的Supper Club，這也是 Supper Club 和一般餐廳截然不同且更有趣的地方。

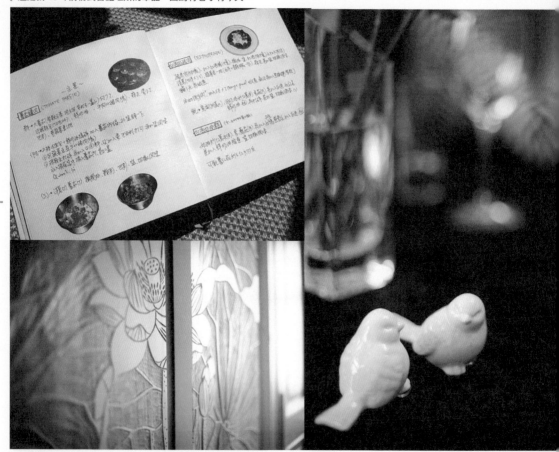

▌Phoebe in Berlin 營業中

通常晚宴是這樣開始的。七點半一到門鈴聲開始大作，來自各地的賓客陸續而至，頓時間屋內溫度上升氣氛熱鬧。經過一段時間的聯繫和協調，和客人之間的陌生感漸消，甚至還可能與部分客人產生了類似朋友的熟悉感，這是一種非常特別的感覺。

歐洲人的情感表達內斂和緩，對自我與對他人的隱私都很保留也很尊重，若希望有進一步的友誼發展，除了需要彼此氣味相投外，尤其需要「時間」的醞釀。熱情又好客的我，因為曾住在法國，對歐洲人有一定的了解，自有一套交際方式，不僅在短短的兩年中建立了「Phoebe in Berlin」的好口碑，亦為自己築出了多元化的人際關係。

這天第一組進門的是多次來訪的亥克夫婦，在德國擔任政府海外財政救助要務的亥克太太，帶來了一大束美麗的天堂鳥，啟動了序幕的歡樂氣氛。接著進來的依序是英國籍的知名部落格寫手露西，德國籍的政府要員夏洛特和如名模般的荷蘭籍知名 DJ 英格麗夫妻，算算十位嘉賓卻有五個國籍實在很有趣。晚宴也即將開始。

▌亥克太太帶來的美麗天堂鳥，啟動了序幕的歡樂氣氛。

餐前以開胃酒暖場

開胃酒可以是香檳、雞尾酒、粉紅酒等依喜好變化。此時我們會利用機會介紹到場的賓客,並簡短的自我介紹。這簡短的歡迎式通常是有趣的,讓大家有機會對共度晚餐的人有初步的了解,也可因個人的特殊背景(不論在國籍或工作上)、來德國的原因、動機、喜好、家庭等,讓這些好奇心隨著各式話題的啟動,把全場的話匣子掀翻。

當興致高昂的聲響迴盪在鼎沸的空氣中時,此時的我,得機靈的逮個空檔竄回廚房,讓我的視覺系開胃小點們粉墨登場,展現實力。

開胃小點試主廚身手功力

開胃小點的上場,可讓場子迅速加溫,更可以此掂出主廚的真功實力。「Phoebe in Berlin」提供中法兩種料理,不論是哪種料理,材料使用都無國界天馬行空,除了將東西方食材混

搭入菜,也會依著當晚提供的主題斟酌使用,以期保有中法料理各自的完整性,避免淪為不倫不類的拼盤。

前菜衝鋒上桌

經過約莫一個鐘頭的暖場後,我會請賓客們移駕至餐廳進行正式的晚餐。魚貫進場的賓客可隨意挑選自己感覺舒服的座位,參加者都有不成文但共

同的默契,就是絕大多數人,不會選擇和自己的伴侶或朋友比鄰而坐,以便認識更多的新朋友,增加更多社交的機會。

接著,大家興奮的拿起桌上的菜單研讀或討論,等待我們隨侍斟上的酒水飲品,一邊期待好料上桌。

我會為大家準備三道開胃前菜，由冷
盤到熱盤漸進交替，多以較「甜」的
口味做開場，勾引出胃口垂涎貪婪，
迫不及待的等著接下來一道又一道的
刺激。一切須吻合「食之韻律感」
（Food symphony），必須食得高潮起
伏、食得錯落有致、食得盡興。

▌主菜隆重登場

有了三道前菜的引導，現場氣氛更加濃烈而輕鬆，客人們就像是許久不見的老朋友，沒有拘束和冷場的尷尬，也算是 Supper Club 的奇特魅力之一吧！把一群來自不同國家、不曾謀面的陌生人，同放在一個素不相識的空間裡，非但沒有因為陌生而生的距離，更沒有因無聊而來的尷尬，這是否太不可思議了呢？

主菜是大家期待的重頭戲，經過之前六道菜的洗禮後，對主廚的信任與肯定自不在話下，今天我上了招牌的東坡肉和清蒸蔥油淋魚，夠味的東坡肉軟嫩滑口，與同樣用醬油燉燒的蔥油淋魚，在口味上卻有全然不同的表現，口感的濃郁和鮮嫩展現出兩種風貌。這兩道主菜著實打動了在場的賓客，無聲的室內氛圍與屏息的讚嘆，讓我知道美味不只征服了他們的胃，也包括他們的心。所以，身為整場重頭戲的主菜，絕對要有足夠分量，重要重的有裡子層次，淡要淡的有原因和記憶點才行。

▍甜點：完美的休止符

在具有分量的主餐後，不可或缺的是一份美好的甜點。從事餐飲工作十多年以來，我發現不喜歡甜點的人比例奇低。深受中式文化和法國美食的影響，台灣人深愛甜點的程度令人驚奇，我自己便是一例。在上本《好料》中也曾提過甜點的誘人魅力，品嘗甜點真如法國人所言，總有第二個胃可以

盛裝，哪怕肚子快撐爆，都無法阻止大家對餐後甜點的期待。

這奇景在當年的「路易十四」雖已司空見慣，但在 Phoebe in Berlin 的餐桌上，讓我意外發現，這些不在意吃喝的德國人也對我的甜點狂熱，且欲罷不能的提出「再來一客」的要求。因此最近我把菜單做了調整，將甜點增為兩道，以滿足我可愛的客人們。

以甜點吟詩清唱，大家的心情開始柔美浪漫了起來，此時我們會將主燈切換成只有角落的照明，同時點亮各角落裡的蠟燭，用燭光為大家的心靈取暖，讓「所有的美好」在此刻停歇。

我的法式甜點向來有口碑，到了德國也一樣。但要如何把中式甜點法式化？一直到現在我還在研究。坦白

說,外國人對純中式甜點的喜好有限,也由於認識度不高(國外的中餐館提供的不外乎炸香蕉、芒果布甸或米布丁,這一類不討好也非純中式的東西),所以經過一段時間的研究推敲後,我決定保留中點的原有風味,加上法式的素材和烹調手法,就此誕生了美妙又美味的作品。

我的招牌黑芝麻湯圓佐紅酒荔枝黑糖醬汁,不論在擺盤或製作上皆以法式技巧與中式風味表現,皆大獲好評。

▍奉茶外加餐後小點輕唱晚安曲

相較於亞洲的高品質服務,歐洲只能望塵莫及。為何歐洲在服務上的品質差這麼多呢?原因是「使用者付費」的原則。凡事皆須付費方能享受使用權,哪怕是服務業也一樣,不付費就不會有服務。聽說十多年前的德國是提供付費服務的,後因多數人不願意多繳無謂的服務費而被廢除,於是連基本的服務也遭殃,德國人給小費的習慣也較法國人來得少,「服務」一詞早就成了歷史。

剛到德國初期,在沒有服務的餐廳用餐簡直讓人抓狂,服務生或面無表情

▍我也會分享我的作品和賓客交流,得到不少回響。

或態度不佳，各種狀況五花八門，抱怨了也沒人聽，除了滿肚子氣外，一點辦法也沒有。這幾年下來我們用「習慣」去適應它，這是唯一的方法，不然就別出門自找氣受。

因著柏林漸漸成為觀光大都市，觀光客的大量湧入逼得現狀改變。想多得些小費的服務生，開始加強服務品質面露笑容，讓客人們開心也甘願以小費作為回應。有了服務的消費讓我們心情大好，相信往後的五到十年，柏林將會是另一番新氣象。

談到服務，只是為了表達「Phoebe in Berlin」與其他同業的不同與特殊，如以上所述，沒有服務的服務業也許不會受到客人的撻伐，但我來自亞洲，自然有我們的習慣和品質。過去在台北營業時，我被客人稱讚的不只是餐

賓客除了來此感受到溫馨之外，也在這裡建立友誼。

點的美味，也對我們的服務品質豎起大拇指。因此我也希望將食物之外的附加服務一併傳承下去，讓這些外國朋友見識一下亞洲服務的不同凡響。就連餐後的咖啡、茶或小點心都隨餐附贈，無非希望大家更盡興，而這點心意也確實深深的感動他們。

▍精彩落幕：賓客自行繳費

自行結算繳費是 Supper Club 的另一特色。依賓客所用餐費和飲酒水之杯數，自行到繳費區付款。Supper Club 緣起於美國的禁酒令時期，因為在餐廳吃飯不能喝酒，讓這群無酒不歡的人們弄出了地下晚餐俱樂部，有人帶酒、有人準備食物，以私人聚會的名義地下化經營，為了避免觸法，便以自由

▍一場餐宴終於完美落幕。

離別前，大家依依不捨，也期待下次相見。

貼補經費的方式結算，採自由心證的方式一直沿用至今。

到了此刻，一場完美盛宴精彩落幕。完成了我當年的夢想和初衷，一路有掙扎、恐懼和淚水，也有奮鬥、歡笑及滿足，那些困難和希望終究被一一的克服與實現。而這些「無法預期的人」、「沒有公式的美味」、「充滿驚喜的關係」，大概就是 Supper Club 為何如此具有魅力，讓來自世界各地的人們再三重逢的美麗原因。

Phoebe in Berlin 的幕後插曲

　　說起來，這份工作不但完全符合我現階段的希望和需求，也因此迅速開啟我對這座陌生城市的了解，有更多機會讓我進入此地人們的生活，甚或包括整個大歐洲。餐飲業本就是十分貼近「人」的行業，與人的互動頻繁讓生活更生動有活力，雖然說這也是經營不易且無正常生活品質的行業，卻因與人的互動火花太燦爛刺激，讓我深深愛上這一行而無法自拔。試問，有幾個行業能像它如此豐富、有趣、多元、充滿創意、新鮮感、互動直接又真實的呢？

▍全球訪客大盤點

某個週末下午，當我們悠閒的在陽台上曬著太陽邊享受午後的下午茶點時，突然話題一轉，細數了這兩年多來，到底有多少國家的朋友曾經到我們家一遊呢。我跟你們一樣好奇這個答案，現在就讓我們來細算它吧！

歐洲
北歐：芬蘭、瑞典、挪威、丹麥
中歐：波蘭、匈牙利、德國、奧地利、瑞士
西歐：英國、愛爾蘭、荷蘭、比利時、盧森堡、法國
南歐：希臘、羅馬尼亞、義大利、西班牙、葡萄牙
美洲
加拿大、美國、巴西、阿根廷、智利、墨西哥

亞洲
台灣、日本、韓國、中國、馬來西亞、新加坡、印尼、印度、土耳其、越南、以色列、敘利亞
非洲及大洋洲
南非、紐西蘭、澳洲

經過這一列表之後真是一驚，竟然有多達四十多個不同國家的朋友，曾在這過去的三年中到訪過 Phoebe in Berlin。這個結果突然讓我們如倒帶般的回憶起這三年來的點點滴滴，每一張到訪朋友的面貌，不同的髮色、五官、語言和笑容，和他們的溫暖擁抱。這是我們料理人最渴望又滿足的一刻，哪怕在昏暗惡劣的環境中工作，都會甘於被融化滿足。

▌意外的禮物與友人

從來沒寄望能在陌生客人手裡接過禮物，但這件事在「Phoebe in Berlin」令人意外的頻繁。坦白說，除了驚喜外，「感動」才是真實心情，這些大大小小的禮物完全來自客人們的心意，沒有強制的必要性或唐突的矯情，一切都如此自然和真誠。

收到的第一份禮物，是來自從事美妝事業的年輕荷蘭夫妻的自家產品，這些昂貴的有機產品讓我受寵若驚，也因為他們頻繁的造訪，使得我的禮物愈來愈多，著實讓我這兩年來省下了不少採買保養品和彩妝的費用。

接下來是已成為我們好友的亥克夫婦，他們用自家園子裡的有機水果熬煮果醬，風味自然甜美。至今每逢寒冬遠颺、春花齊放、蔬果茂盛，我家便有吃不完的季節蔬果，像是蘋果、梨子、各式野莓、南瓜、櫛瓜、茄子等，這些都是在台北難有的新鮮現採好食材。其他如花束、各式海鹽、胡椒、橄欖油、各國美酒、巧克力、點心、裝飾品等等，真是多不勝數。這些來自各國朋友的熱情贈與，怎不教我們開心呢？

知名 DJ 引路探柏林夜店

前段提到的年輕荷蘭夫妻，不只是創業有成的佳偶，兩人憑著亮眼的外型，絕佳的人緣，尤其是群眾號召力，讓見過他們的人莫不為其吸引。而且他倆也是柏林數一數二的 PUB——Berghaim（即 2012 年 Lady Gaga 柏林演出後，搞大新聞的地方）的知名 DJ。

就在他們初次造訪 Phoebe in Berlin 的那一晚，大家意外得知他們的另類身分後，與在場的挪威七公主們在餐後的午夜，一窩蜂殺進了夜店，徹底瘋狂陶醉在他們狂野的午夜魅影之下。多麼難得又特別的經驗。在這座自由無羈的城市，儼然是另一座紐約或倫敦的縮影，充滿了很多的意外和不可能，但是，誰管它呢！

和挪威七公主的餐後，我們一同殺進夜店，感受柏林的午夜魅力。

▌來自倫敦的七女神驚魂記

回憶除了甘美，也不乏手忙腳亂之時。
那是我們接到的第一組私人生日聚
會，對方專程前來柏林為好友慶生，
幾經魚雁往返後，我與聯絡人克勞蒂
小姐也熟識了起來。某日晚餐我和先
生聊起這椿美事，不免開心又期待，
還好奇心使然的猜起了對方的年歲，
依其信中的口吻與親切態度，我們一
致認為是三十歲左右的美貌輕熟女。

那晚，我們準備了美味的法式大餐迎
賓，待時鐘輕敲七點整，樓下的門鈴
聲亦同時大作，此時的我迅速鑽進廚
房備戰，一邊依稀聽到廚房外混亂的
人聲腳步聲，一邊準備第一道開胃菜。

措手不及的第一次接觸
突然間，廚房門被打開，鑽進了兩位
面露不悅且大約六十五歲有餘的女
士，直問我：「Phoebe 在哪裡？」「要
如何進入廳室？」突來的狀況讓我一
時傻眼，一面引領她們到起居室入座，
也一面心慌的用目光搜尋我那不知身
在何處的先生。

原來在鐘響與門鈴聲大作之際，也同
時吵醒我家正臥病在床的小朋友，讓
他大哭了起來。同時遭受三面夾擊的
我家先生在一陣慌亂下，忘了告知廚
房的廚娘們一同打理後續，開了樓下
的門後，便逕自入房安撫小孩去了。
也難怪訪客們在一陣錯愕下，帶著臭
臉擅闖廚房。而我，除了被這狀況嚇
了一跳外，也不禁思考這群「高齡」
祖母是不是走錯了門？信中那位妙齡
的輕熟女在哪兒？

就這樣七點整，坐在我家廳室裡的是
一群平均年齡六十歲的奶奶阿姨，
那位妙齡女郎確實為最年輕者，但也

有個四十八歲來著。來自倫敦的她們經過我們的安撫後，開始被我們的居家布置和我的背景身分所吸引，開心好奇的問東問西，從我的故鄉台灣到巴黎、柏林一點都不放過。而我們還得佯裝輕鬆，立正站好隨侍這群「女神」。

而這群女神中最令人印象深刻又驚豔者，非今晚的高齡壽星莫屬。七十高齡的她有著三十歲的背影，身材曼妙不說，還玲瓏凹凸有致，加上隨意向上抓盤起的秀髮，真是性感到讓人噴鼻血。都這把年紀了還能保養得如此得宜，不禁讓我想像起自己的未來了。

都是男人惹的禍？

而那晚為她們精心準備的晚餐也大獲
七女神芳心，除了對我的法國菜讚不
絕口外，更對我的生活美學大表讚賞，
一次又一次的讚美讓我受寵若驚。正
當我在廚房忙碌時，突然間高齡女神

把我家先生叫了過去，冷不防的開始
數落他，為何讓桌上醜陋的愛維養礦
泉水瓶破壞了餐桌的優雅美麗，整晚
音樂為何一直重複，為何總是忘了將
餐廳門關起來，以保持她們七人的獨
立用餐空間等。

高齡女神的光臨，讓我們驚魂未定。

當我走進餐廳時，只見我家先生脹紅著臉立正聽訓，我只能立馬出面為其解圍，向她們解釋先生對我工作的全力支持，但畢竟本業並不在此，難免有疏失……但高齡女神不僅完全不領情，還對他的不專業微詞甚深。這一幕雖令人惶恐但更令人想笑，尤其是看到我家先生的表情，再想到他平日生活上的疏忽，就當是給他一個小小的教訓吧！

就在此際，雪上加霜的狀況題又來了，我家小兒突然狼狽的哭著出現在餐廳門口，我們趕緊一個人掩護，另一個人一大箭步把他帶離現場。而女神們先是一陣錯愕的驚嚇喊著：「還有小孩在家！？」我則是連忙解釋，對於她們幾近驚嚇的回應，也讓我十分意外，有這麼嚴重嗎？除了這些精彩插曲外，當天的生日晚宴算是相當圓滿，尤其在我送上了親手做的果醬當生日禮物後，高齡女神很是滿意。

當結帳送客的時間到了，主辦人克勞蒂小姐要求與我闢室處理，原來她是為了高齡女神的態度來道歉的。同時她也對我家先生的好修養十分讚賞，我除了禮貌致謝外，也回以「相信妳們的先生也是」。

此時，只見高出我兩個頭的她眯著眼睛、笑著對我說：「我們都沒有先生，我們是『蕾絲邊』。」

仰著頭看著她，一時還回不了神的我又傻問了一遍：「妳是在開玩笑嗎？」

最後這群女神欣喜離去，甚至不到半小時的光景，就在我的 FB 留言稱讚，此時我和先生兩人還驚魂未定的傻坐在杯盤狼藉的餐桌邊，喝著紅酒壓驚。這時，我家先生說話了：「終於知道她們為何對我百般挑剔，對小朋友嫌惡又不友善了，因為我們是男人。」這……我不了解，你們呢？

倫敦驚魂又一章

說完倫敦七女神的故事,馬上又讓我想起了另一件倫敦驚魂記。倫敦的 Supper Club 流行的時間比柏林早,而且竄紅速度非常快,主要是因為可以找到許多志同道合的「酒友」乾杯,我也是接待了倫敦客人之後,才了解到倫敦人「嗜酒如命」的可怕。

那天從倫敦來了四個客人,他們到達時已是微醺的狀態,剛開始一切狀況尚在控制之內,現場一片和諧,氣氛也很愉快。不過當大家到餐廳開飯,酒過幾巡後,其中的兩位倫敦客便開始把酒當飯吃,而且聲音愈來愈大,動作也跟著胡亂飛舞,嚇得鄰座的女士花容失色。而他們黃湯滿肚後,廁所跑得也勤,只見步履蹣跚,東搖西晃,讓人觸目心驚。

不消一會兒,預料中之事終於發生,而且還是連串而至,一會兒洗手間裡的竹簾被扯了下來;一會兒門廳的花器被揮落打碎;一會兒桌上的酒杯飯碗遭了殃,搞得我快心臟病發作,國罵都要飆出口了。更離譜的事情接著還有,這四位大哥大姐高調的昭告大家要到夜店趕場,並趕著召喚我買單,同時又請我家先生幫忙電召小黃。

在此亂象叢生中,我遞上了帳單,其中一對情侶逕自到錢箱繳了費,另兩位則開始和我討價還價,這「討價還價」還真是生平少見的怪招,一邊說身上錢不夠,同時酒還是一杯又一杯的沒停過。誇張的是他們有錢趕場去夜店逍遙,卻沒錢乾脆買單!這無賴把戲讓在場的大家傻眼又生氣,而我還必須忍耐待在那裡,只求把餐錢收回來,其餘的損失就自認倒楣了。來來去去三刻鐘過去,等他們好不容易

把錢付齊，竟又發現前兩位裝傻少付了二十歐元。真是被這四位可怕的倫敦酒鬼搞瘋。

最後，在第五度叫來小黃後，才把這群豺狼虎豹送走。大家可以想像，無辜的我們被前四次的計程車司機飆了多少德國國罵。那晚，我們筋疲力盡、驚魂未定，也讓在場的各國人士大開眼界，紛紛搖頭。從此，我家先生明令嚴格過濾參加者的來歷，聽到是「倫敦來的」一律訂位已滿！

好不容易送走客人，我和先生兩人早已筋疲力竭。

拜倒「醬汁女王」桌下的
茱莉亞和奧斯卡

我們會遇上麻煩的客人，當然也有因「Phoebe in Berlin」結識而成為好友的客人，茱莉亞和奧斯卡即是一例，到最後幾乎是把我家當成自家灶腳一樣。

愛喝醬汁的茱莉亞

我對茱莉亞的第一印象是對多項食物過敏的麻煩客人，其中多項食材又是我經常使用的，所以每當她回鍋參加餐會總要特別小心，或是要為她製作特別的食物。記得她第一次來參加餐會時，因為出差的關係遲到許久，原本為她留的菜因為沒有事前交代「過敏」這事，讓我不得不趕緊應變些特殊的食物應急，增加了我不少無謂的麻煩，也讓她很不好意思又感動。

就在中場休息時間，她突然來到廚房，一副有所求又不好意思的告訴

我：「可以給我一杯 Sauce 嗎？」一杯 Sauce ？！

「妳的 Sauce 不夠嗎？那等會我們再去幫妳加一些。」

「不是的，我的餐已經吃完了……」

「那是……」我一臉呆滯的望著她。

「我太喜歡妳的 Sauce 了，可以再請我多喝一杯嗎？」

「喝一杯？！」

喜歡我的 Sauce 的人很多，享有「醬汁女王」的封號，當然也非浪得虛名，但把我的 Sauce 拿來「喝」？這還是頭一遭呢。當然，這麼愛「喝」我的醬汁無疑是另一種恭維，怎有拒絕的道理呢。就這樣，每當茱莉亞重回 Phoebe in Berlin，我總會為了她多準備幾「杯」Sauce，等著她暢飲。

可愛怪咖奧斯卡

而我們可愛又有個性的挪威幫幫主奧斯卡，則讓我們多了無限美好回憶和思念。已經返回挪威的奧斯卡是當年第一組訪客——挪威七公主漢娜的寶貝男友，痞痞的他總是酷酷帥帥又語不驚人誓不休。自從挪威七公主來柏林一遊後，漢娜馬上有了再度造訪柏林的念頭，這回帶的是愛人奧斯卡，而「Phoebe in Berlin」仍是他們的選擇。

就這樣我們認識了這個可愛的怪咖奧斯卡。在第一次的中式晚宴後，甚為滿意的他酷酷的對我說：「Phoebe，今晚的中國菜是我吃過最棒的，但這也許只是意外，所以我還會再回來確認妳的功力……」此語一出讓在場的所有人笑翻。我也不疾不徐的回應，隨時歡迎他的再次評鑑。

不久後，這兩人竟然決定將人生中的一年投資在柏林「享受自由」，而這一年中，他們沒事就來評鑑我的功力，對我的中菜功力再無質疑。但有一件事一直讓我很好奇，奧斯卡那麼愛吃我的料理，為何從不嘗試我的法國菜？

就在一次餐會後，我忍不住問了他這個問題，沒想到這怪怪痞痞的傢伙竟這麼回了我：「我的家人都愛法國菜，尤其是我父親，他對法國菜的標準要求很高，因此我要等我父親來柏林，一起來評鑑妳的法國菜功力。」果然是怪咖奧斯卡理論。當然，我又讓奧斯卡，尤其是「奧爸爸」服氣了。

自此，每回碰到奧斯卡，總是被他疲勞轟炸的逼著開店，開一間「醬汁女王」的店。深深愛上我的法國菜，

尤其是醬汁的奧斯卡，在他們去年底返回挪威的前夕，重返「Phoebe in Berlin」吃了最後的晚餐後滿足的回家。在留言本上，他留下了最後感言，他寫道：「為了 Phoebe 的醬汁，我甘願當一隻狗。」這樣異類又讓我感動至深的讚美，也只有怪咖奧斯卡才做得到。

Our dear Johanna and Oscar, we miss you so much！

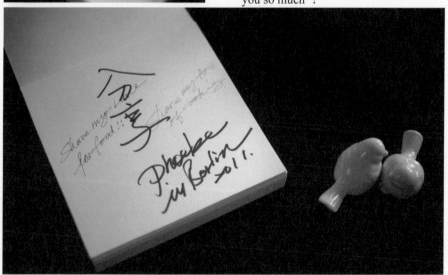

我的留言本中有著各式令我難忘而感動的話語。

▎在 Phoebe in Berlin 重溫三十年前的美好歲月

人生能有幾個三十年？三十年又是多麼漫長又遙遠的歲月，三十年前的我們年少又輕狂！

當傑兒跟我聯絡時，他很慎重的告訴我，要辦一場三十年的老友會。來自盧森堡大公國的他們將在「Phoebe in Berlin」重聚。深受感動的我們自覺責任重大，而且比當事人更興奮更期待。我不知道傑克和老友們多大年紀，這十個夥伴們三十年前的故事和模樣又是如何，在三十年後久別重逢，該如何打破這久違的生澀。三十年，真的是好久好久以前啊！

而這天終於到來了，當我們好奇的打開大門，眼前一大群充滿活力、笑聲爽朗、開心到不行的男人立即衝上前，一一給予我們重重又熱情的擁抱，連一點陌生感都沒有。

看到他們這麼開心，我們也莫名的跟著開心不已。好奇的我忍不住問起他們的來歷，年紀約在五十五歲左右的

他們，是少年時同村或鄰村的舊識，
一起走過打撞球、把妹、學抽煙鬼混、
打架和共同編織未來理想的時光。

席間，只見他們調侃起當年種種，像
是「這個大胖子從小就胖現在更胖」、
「那個傢伙從小就不會念書又頑皮，
結果現在竟然是個教授」、「這個傢
伙永遠女朋友不斷，最後離婚三次，
做了好幾個孫子的爺爺了」、「喔，
這對夫妻最值得表揚了，從十五歲認
識起，就一路牽手走到今天」、「二十
歲後的我們紛紛離家求學、工作、為
愛為理想走天涯，這一散就是三十年，
真不敢相信三十年後的我們還能再相
聚，而且一個不少。」

唯一住在柏林的傑克是這次的主辦
人，也是負責把大家這條斷了三十年
的線接起來的人，花了好大的力氣和

接起三十年時光的主辦人傑克。

時間讓時光倒流，讓三十年前的感情
重溫。慶幸的是他們的感情溫暖一如
往昔，身體一樣健康，同伴全數健
在，而且他們一致認同和感謝傑克為
大夥重聚的付出，還有這晚「Phoebe
in Berlin」給予他們的一切美好。有一
天，我也希望見見三十年不見的老朋
友，更希望有更多好久不見的老朋友
在「Phoebe in Berlin」重逢。

▎自詡前世是中國人的「無為」教授

德文名為 UWE 的「無為」教授，任教於漢堡大學的藝術研究所，是典型的德國人，有著豐富的學養和對學術研究的嚴謹堅持，貴為德國教授的素養一樣都不少，非常有教養和禮貌。但他卻多了一項此地人少有的特殊嗜好，那就是對中國文化和中華美食的景仰和推崇。

名為「無為」，連中文名字都取得如此巧妙的他，起初是因為太太「貝恬」深愛中國文化和料理而愛屋及烏。倍受影響的他，如今只有過之而無不及，總是三不五時重回「Phoebe in Berlin」，他們非常喜歡我的中國菜，還不時和我切磋食譜，再回家自我演練。

▎無為和貝恬非常熱愛中國文化和料理。

從珍珠丸子、麻辣牛腱到蘆筍蝦仁，無為大廚的手藝毫不馬虎。

他們也愛到處嘗鮮，嘗盡各家料理，已練就一身好手藝的他們，可是會讓不少真正的中國人拜倒臣服，曾經被請去他們家做客的我們，親眼見到他倆的中菜功力，信手拈來不慌忙不做作，口味地道得一點洋人味都沒有，任誰也猜不出來是出自這對德國夫婦的巧手，就連盤飾都不馬虎。

而讓我感動的當然不只是他們中菜料理的真工絕活，更驕傲有這麼多外國朋友對中華文化的喜愛與推崇，進一步融入個人的生活中實踐它。

愛好中華文化的青春情侶檔

可愛的白玉蓮和何佑明其實是兩個道地的年輕德國人，也是我們客人中年紀最小的朋友。他倆因為熱愛中國文化而努力學習中文，所以一位去了中國大陸，一位來了台灣台南，而後來自德國柏林的兩個年輕人在中國四川相遇相愛。

這個繞了大半個地球的戀情奇妙又溫馨，現今年輕人談戀愛似乎已不多見這樣的純真深情了。當他們來到「Phoebe in Berlin」，我瞬間被他們的年輕活力、真誠自然和濃郁的愛情融化，尤其這兩人與「中國」的關係，讓我享受如接待親人般的溫暖。他們來到這裡是為了找尋昔日的美味與回憶，「Phoebe in Berlin」的一切讓他們徹底的重溫舊夢。

一直嚷著想重回台灣旅行的他們，終於在今年春天成行，我們也在台北接待了他們。我召集了一群朋友一同在台北與他們同歡，安排了整整一天的台北自由行，讓他們重溫台灣的美好與無窮的人情味。因為「Phoebe in Berlin」讓我再度做了良好的國民外交，讓這些外國朋友認識台灣，也愛上台灣。

熱愛中華文化的白玉蓮和何佑明。

而繼續在台灣環島的小兩
口，也終於在前段時間盡興
而回，並寄來了不少美麗的
照片。「以美食會友」這份
神聖工作，實在讓人不由得
感到驕傲。

圖1：無窮的人情味也是外國朋友
熱愛台灣的原因。
圖2：當天我們用懷舊的台灣料理
招待外國友人。

台灣好茶是國民外交的功臣。

Mark 是我們家的好食夥伴。

比專業更專業的 Mark 大廚

美國籍的 Mark 是我家先生的同事兼好
友,在 Mark 被派任柏林的過去這一年
多,是我最快樂的「食」光之一。

跟我一樣對吃講究又瘋狂的 Mark 只
有過之而無不及。既然是派任到不同
的城市,上班怎可能只是唯一的生
活? Mark 人高馬大帥氣又大方,交

遊廣闊知交滿天下,他為這過去的一
年多安排了無數的旅行,呼朋引伴的
吃遍大半的柏林,不但懂吃更懂喝,
做菜的功力讓人不得不服。

我已經記不得他光顧我的 Supper Club
有多少次,每次他來總不忘帶來驚喜
實用的禮物,也例行性的到我的廚房

Mark 大廚教學時間，真材實料的大漢堡，從用料到製作都一絲不苟。真正一口塞不下，和小孩臉一樣大。

「巡禮」，不忘來挖美食的「寶」，看到他學習事物的認真態度讓人很感動。我們也曾幾次嘗過他的手藝，總在大啖美食、酒足飯飽後，慫恿他也開間 Supper Club，這樣我就有天天吃大餐的機會了。

若說我做菜很龜毛，Mark 也不差，若說我出手不計成本，那 Mark 一定第一名。他對食材極為講究，就以那回在我家教做美式漢堡為例，全部食材來自 KDW（歐洲第二大高級百貨公司，非必要絕不敢踏入揮霍）。從開胃菜、紅酒到做漢堡用的材料，算起

來要台幣五千多。

五個漢堡的晚餐就花掉我一個月的零用錢！只能說這位大爺真的太大器了。那次跟他學做漢堡，看到他對於食材的講究，哪怕是漢堡肉，都堅持使用美國肋眼牛排肉，一絲不苟的手勢動作，做工不但要有序，還要有節奏感，連音樂都少不得，哪裡是一般人能做到的。那大到塞不進嘴裡的漢堡是我這輩子吃過最美味的。和 Mark 一起吃喝美食的生活真令人懷念，自從他回美國後，我就只能在家吃自己了。

原來大家都愛吃火鍋

在台北，火鍋是方便又簡單的國民美食，火鍋總類之多，口味的千變萬化直教人瞠目結舌。到了德國生活後，我碰到了很多台灣同胞，也認識了不少大陸朋友，一旦有活動聚會或者逢年過節，吃火鍋成了大家的共識，因為它準備方便、食材豐富、吃來氣氛熱鬧，而且又省錢。

不過這點在我家反而是例外，大家吃火鍋就為了省錢，什麼東西都可以往下加往下放，隨便都能吃得飽。但在我家絕對省不了錢，因為身為主廚的我總有不成文的堅持和要求，不論是湯頭、蘸醬、火鍋料、魚肉海鮮到酒款都馬虎不得，所以一餐買下來，往往是兩百歐元少不了。

紅鍋白鍋皆備，但正宗四川麻辣鍋的做法還是在德國學到的。

這幾年在家裡開桌吃火鍋，不論是自用、宴客還是客人訂桌，漸漸成了一種特殊的習慣和風氣。多數沒吃過火鍋的歐洲人對火鍋充滿好奇，更對吃火鍋時的各式配料和吃法大感興趣，只是對於得自己在鍋裡煮食的麻煩有些小小的不適應，其餘的一切讓他們喜愛得不得了。

我也在這裡和大陸朋友學得大陸的蘸料調配比例和正宗四川麻辣鍋的做法，自此我家火鍋多了不少新變化。

以上都是發生在 Phoebe in Berlin 的日常趣事，在這裡總有數不完的故事，道不盡的心情，這是我五年前想都沒想過的新生活和新體會。什麼樣的人，

什麼樣的事情都有可能發生，不管是好是壞，為我們的生活添加了無限的新鮮感和樂趣，又多了好多的新朋友和足夠的零花錢，人生至此夫復何求呢。

Chapter 4

Supper Club
到你家

來我家吃飯吧

大部分人也許終其一生不會開餐廳，不過總有請客的需求，而經營 Supper Club 與經營餐廳的不同處，是讓我對招待客人「來家裡吃飯」有了更多好玩的心得。現代人的生活富裕，社交的範圍也多元化，上餐廳吃飯的時間不再局限於週末假日，想吃想喝說走就走實非難事。也因為台灣人愛吃又好客的熱情基因，在家請客更是常見，若有一身的好手藝加持，為自己拓展人際關係贏得好情誼，是輕而易舉之事，也是最容易的事。但是如何營造一個美好的環境，讓賓客感覺到主人的熱情和個人風格，可從環境和餐點兩部分說起。

▌做個體面的主人家 —— 從居家布置開始

不論何種居家設計的風格，都在表現
主人本身的個性和主張，可以捉出核
心定位後，再依次填入動線、色彩、
情境、光線與裝飾，才能完美呈現主
人的期待與需求。家是我們最安心與
休憩的地方，所以信賴感與舒適性絕
對是不可忽視的重點。

若不是當年的室內設計圖太難搞，回
家作業又多又煩人，毀了我走上這條
路的意願，其實我對室內設計和景觀

園藝都充滿興趣。雖然沒走成這條路，但「實戰」經驗卻不少。家居布置對我而言，平常的留心留意和隨時的收集甚為重要。

用心愛的收藏為居家打造亮點

收集美好事物是我從小的興趣，也是天性。長大後，開始有了賺錢能力，收集的野心也變大了，不惜投下當時微薄薪水裡的「巨資」，收集採購不少的家用品、裝飾物、陶磁器等。當

德國家人或好朋友得知我的嗜好後，也常常慷慨解囊或大方贈與，所以收藏中不乏具有真實「價」值或無價回憶的寶貝。

自嘲有嚴重強迫症的我，總是覺得「現在不買將來會後悔」，因此我家的收藏物也就非常「可觀」了。但也如預期的，每當需要布置家居時，總是非常開心能搬出這麼一大堆的家當「獻寶」，將它們一一安置妥當派上用場。

| 對鶯歌陶瓷的驚艷，讓我開始在柏林學拉胚。

鶯歌尋寶看見台灣生命力

自從在柏林開了中菜餐桌後，「鶯歌」成了我每次回台北的必遊之地，藉機和好朋友到鶯歌尋寶、尋幽、尋樂、尋美食。總之，這傲人的陶瓷小鎮不但傳承了台灣的古老工藝，更大氣魄的創新創意展現新局，尤其近年來大群的藝術家一同投身其中，為這古老的陶瓷小鎮注入了更扎實更具實力的美學後盾。讓我不只讚嘆其精彩，為此也激發了我在柏林學陶藝拉胚的興趣，希望將來能拉出自己的作品。在親身體驗後，才知道能拉出個像樣的好胚是相當不易的。

這些美好佳作也伴著我一起光榮的站在世界的舞台上，讓那些來自世界各地的朋友，由每一只小小的碗碟中，窺見台灣文化的生命力與無盡的薪傳。

┃ 用花藝妝點四季氛圍

曾經被同學嘲笑過是「辣手摧花」高手的我,從來沒有一盆花草能在我手中活過一星期。高中時一個要好的男同學在我生日時送了我一個頗富心思的禮物 —— 仙人掌,想說總可以讓我洗刷這殺手封號了吧。但不幸的,它堅強的生命力仍不敵我的摧殘,在一個月後成了有機肥。由此,我這又愛又怕受傷害的弱小心靈再也禁不起「辣手摧花」的毒咒,從此與花草絕緣。

但自從定居歐洲以後,似乎被瞬間解咒般,喜愛花花草草的心,在這花團錦簇的歐陸花海中重燃,在晦暗冬日裡總是期待著春暖花開的 4 月到來。

▎將原本只在圖片看到的植栽變成家中一景。

除了在陽台植滿花朵，更將戶外植栽的心得進階到室內花藝。很慶幸能和同樣是處女座的公公學得不少拈花惹草的知識，加上在眾多花店裡繳了不少學費的付出，終於，讓我有了可以示人的花藝功力。

如今每年4月百花齊放之際，過往只能在圖片上看到的歐美植栽，現在活靈活現的在我眼前，也是我甘於忍受一年只有四個月好氣候可過的歐洲生活，光是這短短四個月的美好生活，就足以補給我一整年來的生命力。

在歐洲仍時時逛花市，找尋喜愛的植栽，打造遍布植物的居家。

樂於跟著我喜愛的花花草草隨著季節交替，大自然更迭的甦醒或沉睡，不覺得驚嘆一聲 C'est la vie。也樂得將花草融入生活的四周，讓到訪的客人一起感受這大自然的美妙。

融合乾燥花、枯枝和水晶飾品，纏繞在燈上，打造自然風的吊燈。將大自然帶入家中。

端上好料的學問

當個好主人該如何規劃出色的菜單和完美的流程，不妨參考我為大家整理出來的 meal party 樣本。不論是好友相聚，招待親友，說到請客的熱情人人都有，但一想到張羅菜單、決定菜色，則立即讓人猶豫卻步。往往不是主人疲憊不堪，就是賓客未盡興，這時才讓我這個專業的餐飲人頓悟到，這本書還須兼具指導大家在自家宴客時的教戰守則。

如何制定菜單

菜單格式的制定沒有一定的標準，端看主人的時間多寡與預算編排，還有派對時間的長短。以「Phoebe in Berlin」為例，我們多在週五舉辦，週五是一週的結束可以完全放鬆，也不影響週六與家人的採買工作和相聚。以大約五到六個小時為宜。

提供以下幾種菜單格式供大家參考

＊三道式：一般法國小館子的標準模式。提供一道前菜、主菜和餐後甜點。

＊五道式（一）：一道開胃小點、兩道前菜（可以是一道沙拉一道湯品），一道主菜和甜點。

＊五道式（二）：一道開胃小點、一道前菜、兩道主菜（可以是一海鮮類一肉類），一道甜點。

＊七道式：一道開胃小點、兩道前菜、兩道主菜、兩道甜點。

＊十二道式（華麗米其林星級套餐）：三道開胃小點、三道前菜、兩道主菜、串場雪寶（冰砂）、三道大小組合的甜點。

再來是設計菜單的內容，菜色的選定是最讓大家傷腦筋的事了（我也不例外）。若預算不足、菜色平庸則顯寒酸，冷場的機率很大，甚至讓人覺得誠意不夠。而大排場大陣仗的霸氣也並非好事，除了讓客人感到壓力不輕鬆外，也容易因為菜色太多無福消受，壞了品味，傷了腸胃，讓主人的美意盡失。所以在菜色的挑選上，不論是口味、分量、種類、烹煮法、排盤等，都是關鍵，那要如何掌握重點呢？

▌好的菜單設計要像音律般富有節奏感

我的好客人 Vivian 曾經這樣稱讚：「Phoebe 的菜單富有節奏感和優美的韻律，不但讓味蕾不會因為口味重而麻痺，也不會因為清淡而乏味」，非常感動她竟能細察出我的用心。

是的，在餐與餐之間應有的節奏韻律，是我在大菜單裡玩出的心得。每當在更換菜色時，我都得花上不少時間思考菜色之間的關係變化，或協調或衝突，或高潮或低調，其間的想像和樂趣是我在新工作裡的新體會和新樂趣，這在過去的經驗裡體會得有限。

所以這被我稱為「食之韻律感」（Food Symphony），能給予味蕾不同的起伏，具有刺激感官與興奮情緒的作用，更可因為彼此的間歇變化，加強食物「被記憶」的機會。就如以下所示的中菜開胃小點為例：

第一道的橄欖酥脆、鹹香又帶有一點鳳梨的酸甜和芥末的嗆辣，與第二道的「冰鎮」小番茄在口感上微甜微酸又冰涼的轉折，讓品嘗者莫不驚喜，而最後端出的嗆辣乳酪，讓大家的味覺再度被顛覆。現在歐洲人嗜辣的程度，比起十幾年前猶如天壤，水牛乳

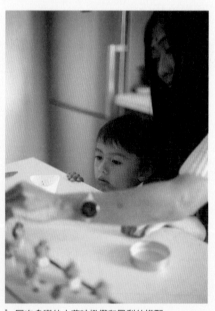

▌層次多變的山葵味橄欖和鳳梨的搭配。

| 微甜微酸又冰涼的冰鎮小番茄。 | 意想不到的嗆辣乳酪，交錯之下，達到了食之韻律感。 |

酪的淡淡奶香與軟嫩口感，完全將中式調味的辣烘托得更有勁，再加上些許的薄荷轉化，一點點的清新感在口中卻有畫龍點睛之效。

藉著以上的說明，相信大家更容易體會出我一直強調的食物間應有的韻律與節奏感，其給予品嘗者不同的感官體會和不斷的驚喜，尤其增加了「易於記得」主廚為大家精心烹調的美食滋味，這是多麼重要的事呀！無疑的給了我們這群默默在廚房工作的廚師們最大的鼓勵。

所以當你們在設計菜單時，千萬別忘了 Phoebe 在這裡強調提出的「食之韻律感」，相信一定會讓你們的辛苦更有代價。以上的範例提供大家參考，菜單的設計必須依主人對現場環境的掌握、預算的設定和客人的期待等來決定。一份好的菜單攸關了派對的品質和效果，是身為主人的我們一個非常重要的思考功課。接下來就用實際菜色做演練吧！

我的創意晶 · 法風潮
（Crystal of Created French）

現在的餐飲流行「融合」的概念，可說再適合我不過了。結合東西文化、參佐東西食材與烹調法，讓料理的趣味性大增也更豐富多元。世界各地的料理雖然有其特殊既定的食材，但因著各民族的烹調特色而有所不同，簡單的說，日本咖哩與正宗的印度咖哩就天差地別。

所以說雖然食材的取用有明顯的地域性，但經過不同民族的烹調方式和手法，才真正的為食物「定位其身分」，就如在法國菜裡加了香茅，你還會認為它是道泰國菜嗎？身為專業廚師的我要在此對同業大聲呼籲，鑽研料理絕對不僅僅只是在烹飪的技巧和手上的工夫而已，對其知識上的涉獵如歷史、文化、演進歷程甚至是流行，都須有一定的學習和認識，經過融會貫通和反芻消化，才能成為一位內外兼修的全方位料理人。當然，這絕對需要「長期」的努力才能練就得來。

在法國菜的部分，不論是傳統或新潮皆為我的強項，加上歐洲人對它的認識也夠，食材取得又方便，更讓我有信手拈來，玩樂其中的快感。

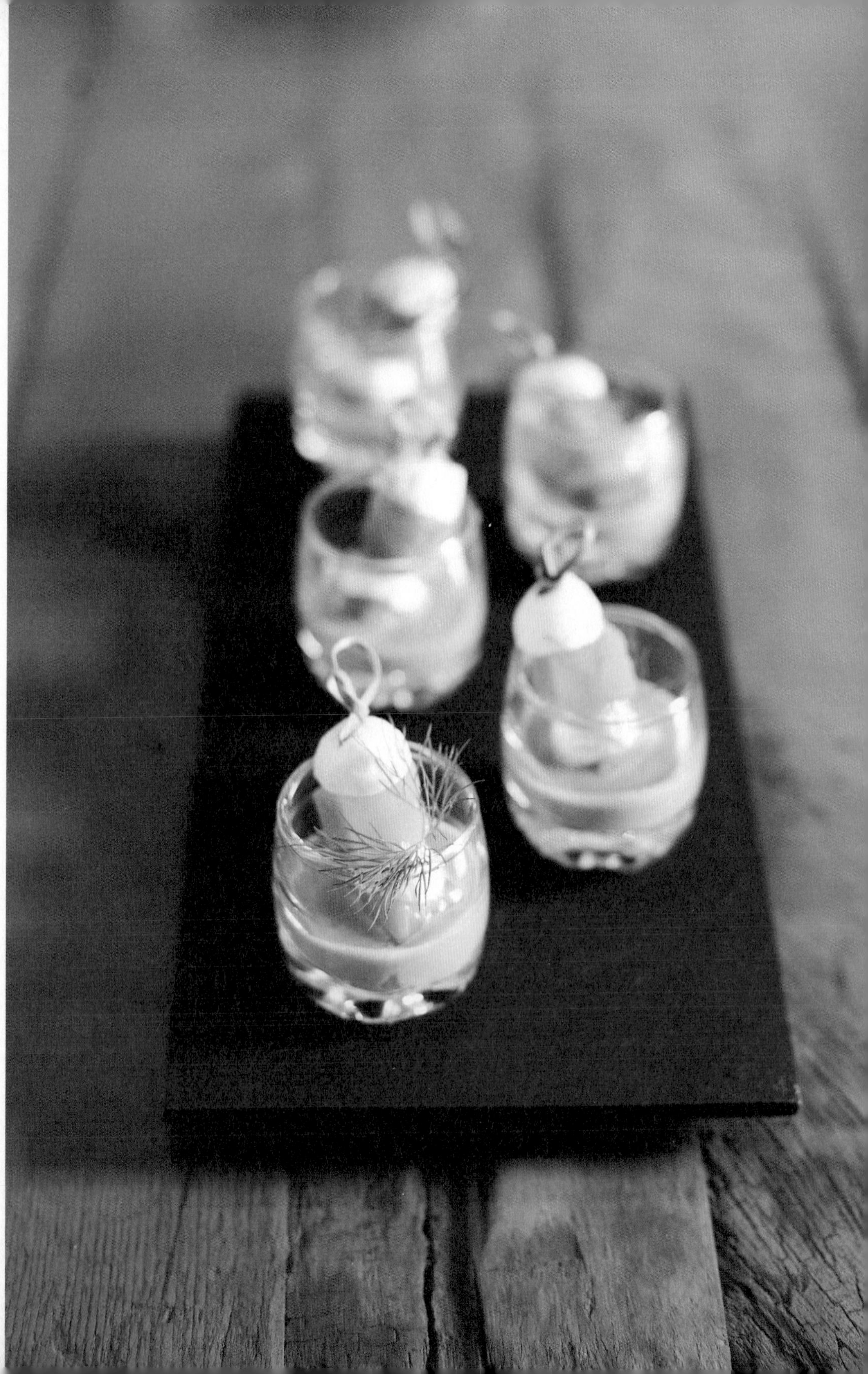

開胃小點 Canapes

芒果與蒙佐力拉乳酪串
佐白芝麻豆腐醬汁

Mango and Mozzarella with oriental sesame, tofu sauce

這是一道非常好吃的開胃小菜，深受大家的喜愛。尤其是亞洲風的醬汁，總是讓賓客們盤底朝天、意猶未盡。

- 材料 -
芒果丁 12 顆
剖半迷你蒙佐力拉乳酪球 12 顆
蒔蘿葉少許

- 胡麻豆腐醬汁 -
嫩豆腐 45g、胡麻醬 30g
花生醬 25g、淡醬油 3g
雞高湯 45g、味醂 8g
辣椒粉與花椒粉少許
鹽和胡椒適量、糖少許

- 做法 -

1. **製作胡麻豆腐醬汁：**將醬汁材料放入調理機中打勻，加入鹽和胡椒酌量調味。

2. 把芒果丁與乳酪球用竹籤交叉串起。

3. 選一適當容器放入醬汁再放上芒果乳酪串，最後以蒔蘿葉裝飾即可。

西班牙蔬菜冷湯
Gazpacho of mixed vegetables

到了夏天，我總愛為大家端上一杯冷湯，清心消暑又美味可口。夏季的蔬果豐富營養，種類又齊全，可以隨性依著市場裡的季節時蔬和心情，為自己和客人打上一杯冷湯，不僅滋養也開胃。

- 材料 -
西洋芹 400g
大茴香 400g
黃瓜 150g
薄荷葉 20g
吐司 50g
特級橄欖油 170g
陳年白酒醋 40g
水 300c.c.
鹽和胡椒適量

- 做法 -
1. 將材料中的所有蔬菜切成小塊，放入調理機中和其他材料一同打勻。
2. 過濾後再加入適量的鹽和胡椒調味即可。

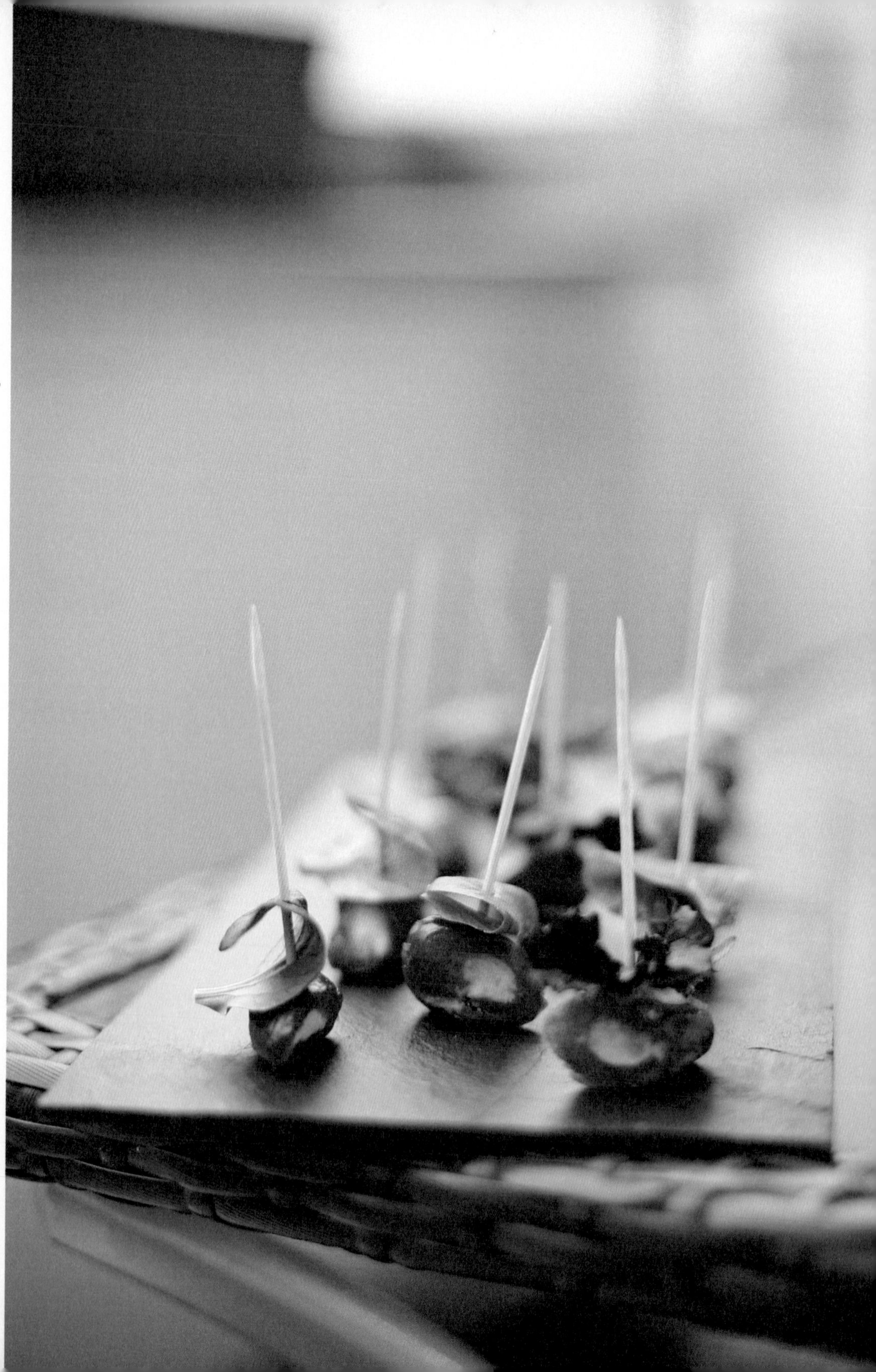

開胃小點 Canapes

蜂蜜椰棗夾雙乳酪餡
Stuffed date with Roquefort, mascarpone cream and honey

這道稍具衝突口味的開胃小點，適合放在最後一道上場。甜美濃郁的椰棗，夾著有
「乳酪之王」美譽的洛克福藍紋乳酪，特別的鹹甜混搭，再加上香濃的蜂蜜和爽口
的沙拉葉，不論視覺或口味都讓人印象深刻。

- 材料 -
椰棗適量
洛克福藍紋乳酪適量
馬士卡朋乳酪適量
鹽和胡椒少許
蜂蜜少許
綜合生菜葉適量

- 做法 -
1. 椰棗剖開去籽。
2. 將洛克福藍紋乳酪與馬士卡朋乳酪拌勻，並加入鹽和胡椒調味。
3. 將乳酪餡填入椰棗中，再淋上蜂蜜。
4. 用竹籤串入生菜和椰棗即成。

前菜 Starters

酥炸鮮蝦佐黑松露鹽之花
Crispy tiger shrimp with truffle and fleur de sel

裹上土耳其麵線炸得酥酥的虎蝦，香脆又彈牙，刨上新鮮松露與鹽之花，一道簡單又高雅的前菜就可以上桌嘍！

- 材料 -

草蝦（大）10 尾
土耳其麵線 100g
松露油適量
黑松露適量
鹽之花適量

- 麵糊 -

蛋汁 50g、鮮奶 60c.c.
低筋麵粉 50g

- 做法 -

1. 草蝦去頭去殼留尾後擦乾，沾裹上麵糊後，捲上土耳其麵線。

2. 放入 170 度的油鍋中炸至酥脆焦黃，撈出瀝除油分。

3. 盛盤後淋上些許松露油，刨上松露片，再撒上鹽之花即可。

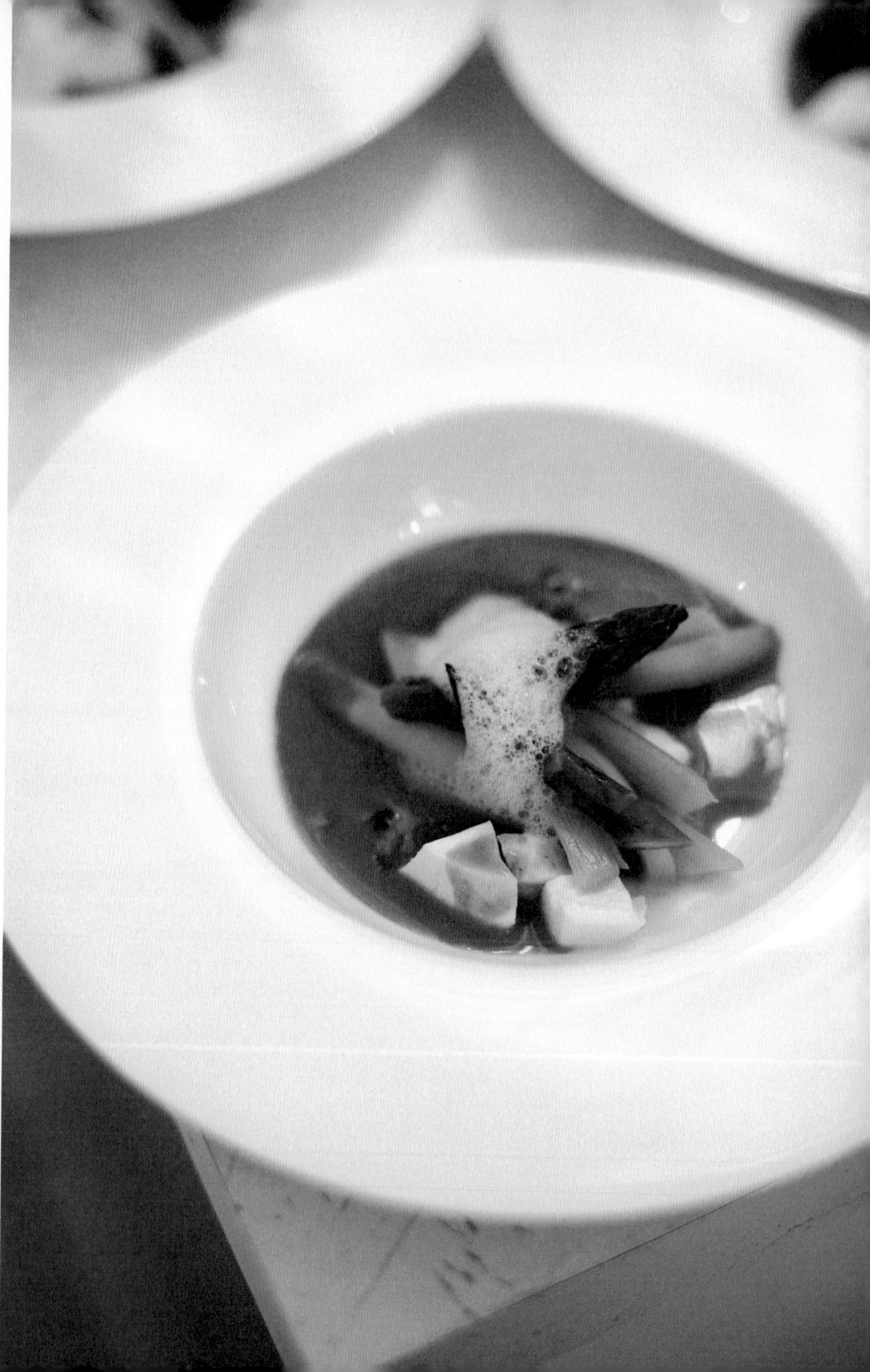

鮮翠綠蘆筍
佐干邑羊肚菇醬汁與干貝

Green asparagus,
scallop with morel, cognac cream sauce

羊肚菇的「香氣」和松露一樣昂貴。一公斤三四萬台幣的羊肚菇，有財力拿來入菜的人應該不多見，充其量做成醬汁已是奢華享受了。而這道鮮嫩大綠蘆筍佐上豪華的干邑羊肚菇醬汁，華美濃郁與爽脆清新並陳，絕對是讓人印象深刻的美味前菜。個人認為乾燥菇類的香氣更甚新鮮品，用作醬汁物美價優。

- 材料 -

綠蘆筍 100g
新鮮蒙佐力拉乳酪 30g
新鮮干貝 1 顆

- 干邑羊肚菇醬汁 -

羊肚菇（Morel）10g
紅蔥頭末和蒜末 10g
白酒 50c.c.
白蘭地 50c.c.
烹調用鮮奶油 150c.c.
無鹽奶油 2 小匙
鹽和胡椒適量

- 做法 -

1. 將綠蘆筍削皮切段後，放入滾水中略燙殺青，撈起備用。熱鍋加油將干貝煎至焦黃。

2. **製作干邑羊肚菇醬汁**：熱鍋加油，將羊肚菇、紅蔥頭和蒜末炒香，再加入白酒和白蘭地煮沸後，濃縮至 1/3 的量。

3. 再加入鮮奶油煮沸後，濃縮至 1/3 的量，起鍋前加鹽和胡椒調味，加入奶油拌勻即可。

4. 先將醬汁舀入盤中，再放上綠蘆筍、乳酪和鮮干貝，打上羊肚菇醬汁奶泡即成。

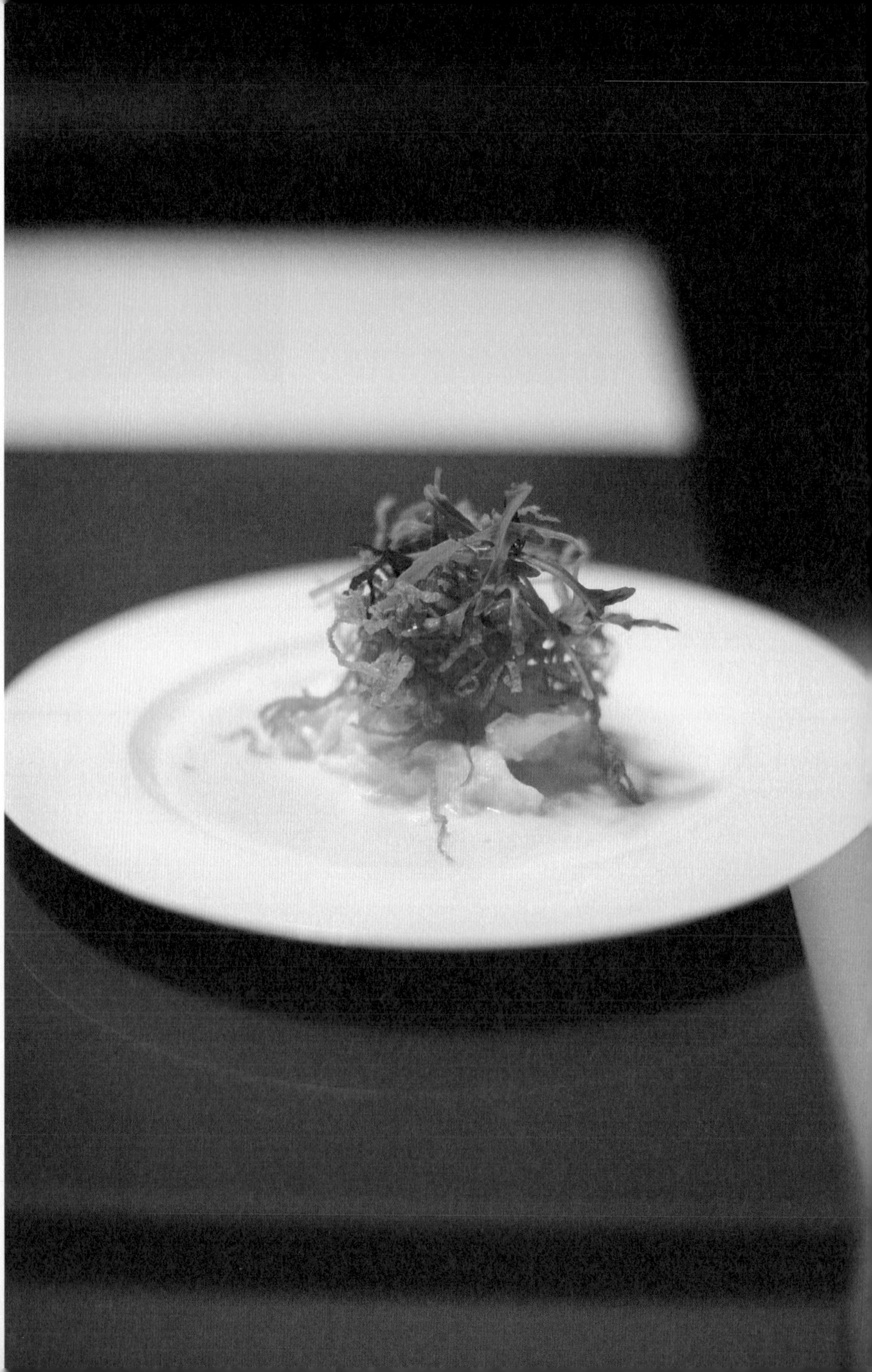

酥脆炸絲水波蛋
佐帕美善乾酪慕斯與伊比利火腿

Crispy slice on poached egg
with parmesan mousse and Iberian ham

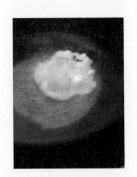

這是一道美味又口感特別的開胃菜，事前的準備工作不少，但上菜卻不麻煩。用香濃的帕美善乾酪做成的慕斯，是這道菜美味的關鍵，加上酥炸絲的口感，是每個人眼睛都會一亮的美食。

- 材料 -

春捲皮 1 大張
伊比利火腿適量
芝麻葉少許
蛋（每人）1 個

- 帕美善慕斯 -

白酒 200c.c.
帕美善乾酪 50g
鮮奶油 150c.c.
玉米粉 1 小匙
奶油、鹽和胡椒適量

- 做法 -

1. **製作帕美善慕斯**：鍋熱後加油放入蒜末炒香，倒入白酒大火煮沸後，續煮至濃縮 1/2 的量。

2. 加入鮮奶油，煮至濃縮成 1/2 的量，加入刨成末的帕美善乾酪，加入鹽和胡椒調味，起鍋前加入奶油和吉利丁攪拌均勻即成慕斯。

3. 煮一鍋熱水，加入少許的醋，把蛋打入做成水波蛋，撈出瀝乾水分。

4. 取一油鍋，加熱至 180 度，將春捲皮切成細絲，放入炸至焦黃，取出瀝除多餘的油分。

5. 起鍋熱油，放入切絲的伊比利火腿煎香備用。

6. 先舀 1 匙慕斯上盤，再放上水波蛋，接著撒上炸春捲絲、火腿絲和芝麻葉裝飾即可。

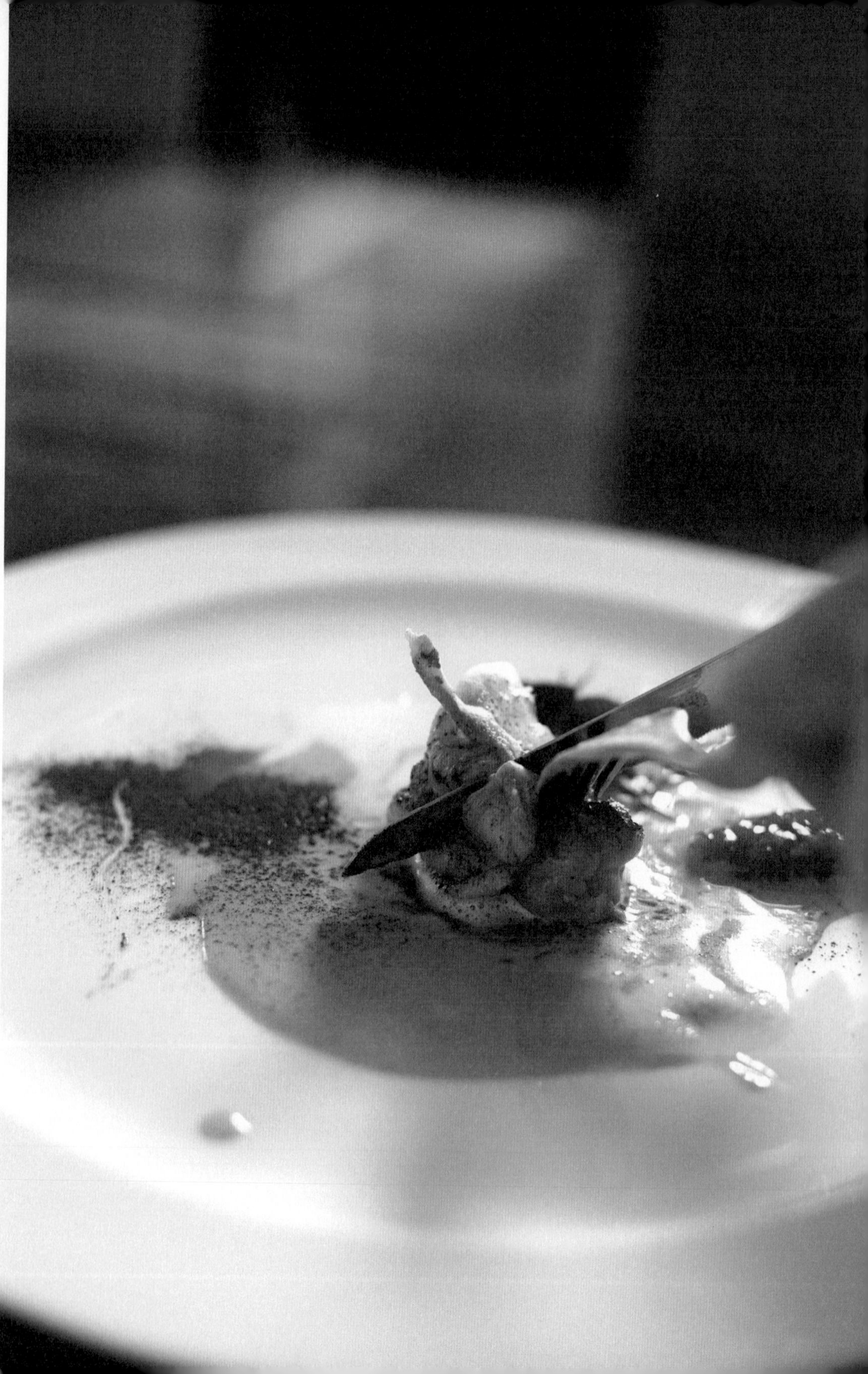

香煎大虎蝦佐螯蝦醬汁與
鮮杏桃泥與黑巧克力

Pan-fried tiger shrimps with langoustine sauce and apricot paste, black chocolate

鹹鮮並陳，香濃鮮甜的精彩口感，是讓眾人驚豔的絕妙美味，不多說，只有你試了才知道！

- 材料 -

虎蝦（去頭殼及留尾）8 尾
新鮮杏桃泥、黑巧克力粉各適量

- 蝦高湯 -

小螯蝦頭殼、各式蝦頭殼和魚骨 2 公斤、薑片 2 片
洋蔥片 1 個、紅蔥頭片 1 個
大青蒜 1 根、西洋芹 3 根
香料束（巴西利梗、月桂葉、百里香）1 把

- 小螯蝦醬汁 -

紅蔥頭末 30g
白酒和白蘭地 200c.c.
鮮奶油 200c.c.
奶油 1 大匙
鹽和胡椒適量

- 做法 -

1. **製作蝦高湯：**先將海鮮殼骨放進鍋中，注入剛好淹過海鮮殼的水量，以大火煮沸逼出浮沫。

2. 用漏勺將浮渣撈除，再將剩下的材料全部加入，以大火煮沸後，再用小火煮 40 分鐘左右。

3. 在漏勺上鋪上一張廚房紙巾，將高湯過濾兩次後再煮沸。可置於冰箱冷藏 4 到 5 天，或分包冷凍保存，方便日後使用。

4. **製作小螯蝦醬汁：**先將紅蔥頭末入鍋炒香，加入酒類大火煮沸後小火濃縮至 1/2 的量，再依序加入高湯和鮮奶油均大火煮沸後小火濃縮至 1/3 的量，最後加入奶油拌勻，並以鹽和胡椒調味後即成。

5. 熱鍋加入少許油，放上虎蝦煎至兩面焦黃，淋上些許白酒大火爆香，再加入少許的鹽和胡椒。

6. 先將醬汁舀入盤中，放上煎好虎蝦，加入 1 匙新鮮杏桃泥，撒上黑巧克力粉，即可上桌。

主菜 Main Course

酥炸庫耶乳酪小羊排
捲帕瑪生火腿佐黑松露醬汁
Lamb chop coated in crispy gruyere, Parma ham and truffle sauce

改變了羊肋排的切法及呈現的方式，打破了既往的印象，也讓口感
大大不同。外裹庫耶乳酪與生火腿，呈現濃郁有趣的多層次變化，
讓齒頰留香。

酥炸庫耶乳酪小羊排
捲帕瑪生火腿佐黑松露醬汁

- 材料 -

小羊排 2 片
馬鈴薯泥、新鮮松露各適量

- 麵衣 -

麵粉 10g
全蛋 1 個
磨碎庫耶乳酪（Gruyere） 100g

- 紅酒松露醬汁 -

紅蔥頭末 30g
紅酒 150c.c.
牛高湯 150c.c.
切碎新鮮松露 50g
鮮奶油 150c.c.
無鹽奶油 1 大匙
鹽和胡椒 適量

- 做法 -

1. **製作紅酒松露醬汁：**先將紅蔥頭末入鍋炒香，加入紅酒大火煮沸後，以小火濃縮至1/2 的量，再依序加入牛高湯大火煮沸後，續以小火濃縮至 1/3 的量，再加入少許鮮奶油使口感潤滑，拌入新鮮松露碎及奶油、鹽和胡椒調味後即成。

2. 將麵衣材料混合。小羊排去骨，修清筋膜後，用生火腿片捲起來，再用麵衣包裹其外。

3. 小羊排下鍋，以中火煎至焦黃，取出後瀝除多餘油分，再切塊呈盤。

4. 放上薯泥，淋上醬汁，刨上新鮮松露即成。

冰封雪藏巧克力
佐咖啡奶醬與香草冰淇淋

Terrine of chocolate with espresso,
Sauce Anglaise and vanilla ice cream

在台北執掌路易十四餐廳時，最受客人歡迎的甜點之一，這道令人難忘的好滋味，如今在 Phoebe in Berlin 再度重現了！

- 材料 -
黑巧克力 250g
奶油 125g
蛋白 3 個
蛋黃 3 個
糖 50g

- 英式咖啡奶醬 -
蛋黃 2 個
糖 25g
牛奶 210c.c.
濃縮咖啡（視個人口味調整）

- 做法 -

1. **製作英式咖啡奶醬：**蛋黃加糖打至發泡變白，接著慢慢加入煮沸的牛奶，可先加入一點攪拌使其降溫，再緩緩加入剩下的牛奶，快速拌勻避免變成蛋花，最後加入濃縮咖啡。

2. 開火續以小火熬煮成濃稠醬汁，其間須不停小心攪拌，直到木匙上的醬汁不會快速滴落。

3. 將煮好的醬汁以漏勺過濾雜質後，放入冰箱冷藏即成。

4. **製作雪藏巧克力：**將巧克力和奶油切成小塊，放入盆中，隔水加熱使其融化。

5. 將蛋白加入一半的糖打至六分發泡，再加入剩下的糖，繼續打發至八分起泡。

6. 將蛋黃打散，加入融化的巧克力中，以橡皮刮刀攪拌均勻。

7. 加入打發後的蛋白，由下而上仔細輕柔拌勻，切勿把泡沫弄破。

8. 在長形模型中先鋪上保鮮膜，將巧克力糊倒入後，放入冰箱冷藏。

9. 食用時，將英式咖啡奶醬淋於盤底，放上雪藏巧克力，再舀入一球香草冰淇淋即成。

我的摩登 · 新中國潮
（Modern Chinese）

因為我本身特殊的背景，所以在「Phoebe in Berlin」中，提供了中法兩種料理，這才發現外國人是如此的熱愛中式料理。在兩種料理只有十歐元的價差下，選擇中國菜的人竟然更多一些，這點讓我十分驚訝。一般中國人聚餐講究熱鬧，但不免有不夠精緻之感。其實透過一些巧思，中式菜餚也能像西餐一樣優雅。

-Phoebe's Tips-

必須確實的利用蛋汁將麵粉裹紮實,否則下鍋後容易破散。如何試油溫:可滴入少許麵屑入油鍋中間,
開始浮起約達 180 度(下沉為油溫太低,若先下沉再浮起則溫度太高)。

開胃小點 Canapes

炸山葵風味綠橄欖
搭配鮮鳳梨與飛魚卵

Deep fried green olives with wasabi,
pineapple and flying fish roe

這是一道有趣的人氣開胃菜，一推出便獲好評。不只視覺上的呈現很特別，口味上亦結合了地中海橄欖的酸鹹、油炸後的酥、亞熱帶鳳梨的微甜微酸，與結尾蹦出的山葵嗆味，還有飛魚卵在口中迸發的顆粒效果，在每一個層面的風味上互相襯托亦條理分明，是它讓人愛不釋口的原因。

- 材料 -

綠橄欖去籽 20 顆
鳳梨（去皮去心切成
正方形）20 塊
山葵粉 2 大匙
飛魚卵適量

- 粉料 -

麵粉 50g
全蛋 2 顆
日式炸蝦粉 200g

- 做法 -

1. 綠橄欖先沾上一層薄麵粉，再快速均勻的沾上蛋汁，接著裹上炸蝦粉，要將粉球壓緊實才能炸得漂亮。

2. 將鳳梨切成與綠橄欖大小相同的正方形。

3. 山葵粉加入少許熱水攪拌均勻後倒扣，用熱度將山葵的香辣逼出。

4. 將炸油加溫至 180 度後放入橄欖炸至焦黃即可撈出，並瀝出多餘油分。

5. 以竹籤先串入綠橄欖再串入鳳梨塊，接著抹上適量的山葵醬再加上飛魚卵即可。

-Phoebe's Tips-

將番茄先劃痕汆燙，去皮更輕鬆方便，但時間不可過久，以兩三秒為佳。陳年紅酒醋需適量使用，風味雖好，但使用過量，顏色過深會影響色澤的美麗。

陳香醋蜜漬櫻桃番茄

Marinated cherry tomatoes
with balsamic and honey

嘗試推出這道亞洲料理所擅長的醋漬法後，沒想到竟得到歐洲人的青睞與回響。
這是適合夏天的風味，冰鎮後的清涼和酸甜，入口不但暑氣全消，更有飯前開
胃的雙重效果。這裡改用義大利陳年紅酒醋，使得酸味溫潤柔和，少許的天然
蜂蜜讓後味餘韻綿長。

- 材料 -

櫻桃番茄（大小適中不
要過大為宜）約 15 顆
義大利陳年紅酒醋與米
醋共約 150c.c.
糖與蜂蜜 80g
鹽和胡椒少許

- 做法 -

1. 先在番茄底部以刀尖劃十字刀痕，放入沸水中汆燙約
   兩秒中，迅速取出並擦乾水分，從底部把皮剝掉。

2. 將番茄放入碗中，加入適量比例的紅酒醋和米醋及糖
   和蜂蜜（可以個人口味增減），並調入少許鹽和胡椒
   增味。

3. 包上保鮮膜，放入冰箱冷藏醃漬約兩小時，風味更
   佳。

開胃小點 Canapes

迷你蒙佐力拉乳酪球醮薄荷辣醬
Bocconcini with mint and Chinese spices

嗜食花椒的我一直認為有了花椒佐餐，不好吃都難。花椒的馨香和麻辣，與充
滿奶香口感軟嫩的乳酪，效果出奇對味。

- 材料 -
迷你蒙佐力拉乳酪球 20 顆
切碎新鮮薄荷葉適量

- 醬料 -
乾辣椒碎 1 小匙
花椒碎 1 小匙
花椒油 3 小匙
橄欖油 100c.c.
鹽和胡椒少許

- 做法 -
1. 將醬料放入碗中調勻，拌入乳酪球，並加入少
   許的鹽和胡椒增味。
2. 最後拌入切碎的薄荷葉即可。

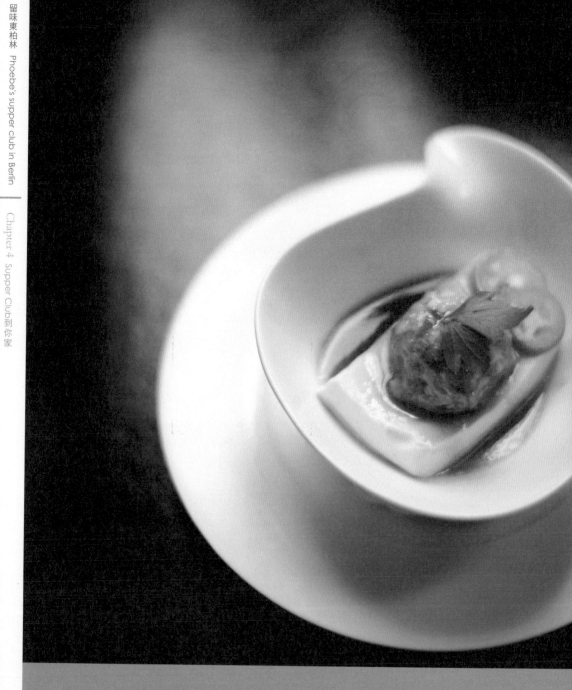

-Phoebe's Tips-

可先用水沾濕手或湯匙,更便於搓揉肉丸,否則肉末易沾黏在手上。在豆腐挖出的洞裡,預先撒上少許太白粉,可幫助固定蝦球,防止滾落。

清蒸蝦球鑲豆腐佐珍菇醬汁
Steamed shrimp-meat ball with tofu and mushroom sauce

歐洲人對豆腐的熱愛與日俱增，當我開始以中式養生料理的概念入菜，豆腐就是我常用的好食材，健康美味兼具，也獲得他們熱烈的回應。這道以中式「蒸煮法」佐以「慢熬」的法式醬汁，加上精緻的擺盤，讓一道樸實的豆腐料理「悅舌悅目又賞心」。

- 材料 -
盒裝嫩豆腐（橫切成 6 份）2 盒

- 蝦球 -
豬絞肉（不要絞太細，
留有口感較佳）150g
剁碎蝦仁 50g、荸薺碎 10 粒
盒裝嫩豆腐（切碎）2 盒
青蔥碎 3 支、薑末 2 大匙

- 醃料 -
醬油少許
麻油、水、鹽、胡椒各適量

- 珍菇醬汁 -
薑片 2 片
米酒 50c.c.、紅酒 50c.c.
醬油 150c.c.、黃砂糖 50g
鹽和胡椒適量

- 做法 -

1. 將蝦球材料混合，加入醃料打入水，稍事攪拌至略出筋度，但勿太過。

2. 雙手用水沾濕，再將蝦肉團搓出圓球狀，或以兩支湯匙互挖出三角錐狀。

3. 將豆腐排入蒸盤中，以小湯匙在中心處挖一個小洞，並撒上少許太白粉。

4. 在豆腐放上蝦球，盛入蒸鍋以大火蒸 8 分鐘。

5. **珍菇醬汁**：Sauce 鍋中放入少許油加熱，將薑片略炒過，加入米酒和紅酒以大火煮滾後，續以中火濃縮至 1/2 量。

6. 陸續加入醬油和糖大火煮滾轉小火濃縮至 1/2 量後，加入適量的鹽和胡椒調味即可。

港點荷葉雞

Sticky rice with various ingredients wrapped in lotus leaves

用荷葉裹繩包裝像禮物一般,因此被大家暱稱為「禮物」的荷葉雞,一直深受
大家的喜愛。除了造型特別外,荷葉的淡雅清香與糯米的口感,是吸引大家的
關鍵。嘗試了幾款糯米料理,尤其是上回自製的「驢打滾」被大家搶著再續盤,
看來歐洲人快被我同化了。

- 材料 -
圓糯米 500g
荷葉 6 大張

- 餡料 -
豬梅花肉條 120g
雞腿肉塊 150g
紅蔥頭末 20g、乾蝦米 20g
乾香菇 5 朵、乾魷魚條 30g
花生 30g、蓮子 30g
切丁新鮮香菇和杏鮑菇 6 朵
剖半鹹蛋黃 6 個

- 調味料 -
蠔油 30c.c.、醬油 50c.c.
糖 20g、香油適量
鹽和白胡椒粉適量
太白粉與水(勾芡用)

- 做法 -
1. 圓糯米預先泡水 1 到 2 小時;荷葉對半剪開
   洗淨後,泡水 1 小時。

2. 乾蝦米、香菇、魷魚用熱水泡軟,瀝乾水分。

3. 熱鍋加油,將紅蔥頭末爆香,再依序加入豬
   肉和雞肉拌炒。

4. 放入乾蝦米、香菇、魷魚、花生、蓮子和新
   鮮菇類,盡量炒乾水分。再加入調味佐料炒
   到入味,最後勾上薄芡,可依個人口味斟酌
   用量。

5. 圓糯米加等量水和少許油入鍋蒸熟,荷葉用
   水煮 30 至 40 分鐘後取出瀝乾。

6. 在荷葉上舀入 1 匙蒸熟的糯米,放上餡料和
   鹹蛋黃包成長方狀,再綁上棉線入蒸鍋大火
   蒸 20 分鐘即可。

-Phoebe's Health Tips-

每日攝取定量蔬果是必要的健康之道，除了增加抵抗力、免疫力外，還能幫助新陳代謝，維持健康窈窕身材。但切記每日的蔬菜以兩個飯碗的量為限，一次不超過一碗的量，才能常保腸道的暢通。高甜度的水果也要酌量取用，否則過高的果糖一樣會造成肥胖和代謝不良。

辣炒培根高麗菜
Pan-fried Chinese cabbage and bacon

超人氣料理之一。雖然無法取得台灣高山的鮮脆高麗菜，但一樣可做出令人懷念的家鄉味。讓我非常意外的是，所有的外國人都對這道快炒三分鐘的青菜青睞不已。青菜健康炒的祕密在於少油和加水煮。事實上炒青菜是無需加太多油，加入水煮（必要時還可加蓋燜一下），不但縮短時間保持鮮脆口感，而且色澤青翠美麗。很多人以為吃大量的青蔬是為健康之道，卻不知青菜是最易被油包覆的媒介，無論是沙拉淋醬或炒菜油，都會被完整裹附在青菜上一起吃下肚，結果不只愈吃愈胖還容易便祕。

- 材料 -
高麗菜 500g
培根 50g
蒜末 1 大瓣
辣椒片 3 片
青蔥段 1 支
鹽適量

- 做法 -
1. 高麗菜切成大丁，培根切成粗條。
2. 熱鍋加油，先加入培根煎至焦香，再加入蒜末和辣椒片爆炒出味。
3. 放入高麗菜拌炒，並加入適量的水燜煮一下，起鍋前加入蔥段大火攪拌後調味起鍋。

主菜 Main Courses

超人氣清蒸蔥油淋魚
佐紅酒焦糖醬油汁

Steamed cod fish with soy caramel sauce

超級人氣王來了！原來歐洲人跟我們島民同樣熱愛海鮮料理，尤其
是這道鮮美的清蒸料理，可是狠狠的擄獲了他們的心，讓不愛吃蔥
蒜的他們掃盡餐盤。只可惜在歐洲海產價格昂貴，並非是一般人吃
得起的「日常食物」，通常買到的都是超市冷凍魚貨。好不容易找
到高級供應商後，不惜血本的我經常在餐桌上提供優質食材，也是
這道菜叫好又叫座的原因。

超人氣清蒸蔥油淋魚
佐紅酒焦糖醬油汁

- 材料 -
鱈魚或白肉魚 500g

- 醃料 -
薑片 3 片
青蔥段 1 根
米酒、鹽和油各少許

- 蔥油 -
青蔥絲 1 小把
紅辣椒絲 1 根
嫩薑絲 1 小塊
油（燒至極熱）適量
香油少許

- 紅酒焦糖醬油汁 -
薑片 3 片
紅酒和米酒 100 c.c.
魚高湯 100 c.c.
醬油 100 c.c.
黃砂糖（多）鹽和油適量

- 做法 -

1. **製作紅酒焦糖醬油汁：** 薑片入鍋爆香，加入酒類大火煮滾後，以中火煮至濃縮 1/2 量，再加入魚高湯繼續濃縮至剩 1/2 的量。

2. 持續加入醬油和糖攪勻，並濃縮至 1/3 的量，最後加入鹽調味，起鍋前加入少許的油，使其乳化濃稠即完成。

3. 將魚擦乾水分放在蒸盤中，撒上少許的鹽，放上薑片和蔥段，並淋上酒，放入鍋中以大火蒸 6 至 8 分鐘（視魚的厚薄而定）。

4. 將魚取出置於盤中淋上醬汁，再放上蔥、薑、辣椒絲，以滾沸的熱油澆淋爆香，最後淋上香油即成。

-Phoebe's Tips-

汆燙肉類時待血水和雜質煮出後，需將髒水倒掉清洗，不過清洗也要使用熱水處理，因為熱脹冷縮的原理，若使用冷水會讓肉質緊縮失去軟嫩的口感，務必注意。

超人氣慢火煨燉東坡嫩肉
Slowly braised poet's pork with Brussels sprouts

又一道超人氣美食，紅燒燉滷的做法正中德國人重口味的下懷。而且在東坡肉上桌的同時，還兼賣弄蘇東坡的故事，發揚了中國美食文化和歷史，真是一舉兩得。

- 材料 -
豬五花肉 1 公斤

- 高湯 -
雞腳、豬皮各 60g
八角 3 小片

- 醬汁 -
薑片 3 片
米酒、紅酒和紹興酒共 200c.c.
醬油 300c.c.
冰糖碎 200g

- 做法 -

1. 五花肉依個人喜好大小，切成正方形，並以棉繩綁好。

2. 雞腳、豬皮汆燙洗淨後，加水和八角熬成高湯。

3. 將豬肉塊汆燙後，加入高湯和所有醬汁材料大火煮滾後，再以小火燜燉至肉熟軟嫩後取出。

4. 將醬汁繼續濃縮至濃稠狀，最後加鹽調味。

5. 食用前，可以大火將肉蒸熱，淋上醬汁後即可上桌。

獨家養生什穀飯
Healthy Chinese rice grains

這是台灣養生餐中不可或缺的美食，我把這十種中式食材混搭出這碗美味又健康的什穀飯，得到大家熱烈的回響外，還紛紛索取 Recipe，可以稱得上意外的收穫！

- 材料 -

綠豆 18g

紅豆 13g

薏仁 30g

雪蓮子 15g

花生仁 15g

糙米 50g

圓糯米 50g

- 佐料 -

龍眼乾或紅棗 25g

米酒 25c.c.

水 190c.c.

- 做法 -

1. 將全部材料洗淨後，加入水浸泡 6 小時後，瀝乾水分。

2. 將龍眼乾或紅棗用熱水泡開，加入材料中，再加入米酒和水。

3. 放入電鍋，於電鍋外鍋加兩杯水煮熟後，續燜 10 分鐘即可。

-Phoebe's Tips-
切勿以大火煮湯圓，除了外皮易破外，口感也不 Q 彈，以水滾後放入湯圓小火慢煮至浮起最佳。

黑芝麻湯圓佐荔枝黑糖醬汁與核果
Black sesame ball with litchi, black sugar, caramel sauce and walnuts

我用甜點再次征服了歐洲！從台灣到德國，一直有許多客人想投資我開甜點專賣店。這回為了一新歐洲人對中式甜點貧乏的刻板印象，於是祭出了法國料理的甜點功力，將中點西式化，終於攻下老外的心。這道傳統的黑芝麻湯圓，注入了中西酒類加持，並用上高級法式的料理手法與擺盤，怎麼能不立刻被它融化呢。

- 材料 -
糯米粉 250g
熱開水 120c.c.
黑芝麻餡 200g
松子碎 50g
核桃仁（剝碎後略烤過）20g
鮮奶油或椰奶適量
薄荷葉適量

- 荔枝黑糖醬汁 -
薑片 3 片
紅酒、米酒、花雕酒共 300c.c.
糖漬荔枝罐 1 罐
日本沖繩黑糖約 300g
鹽和奶油適量

- 做法 -
1. 糯米粉加入熱開水攪勻，稍涼後以每個 10g 做成糯米糰。

2. 將黑芝麻餡與松子混合，以每個 8g 做成餡糰包入糯米中搓揉成湯圓。

3. **製作荔枝黑糖醬汁：**將薑片與酒以大火煮滾後，濃縮成 1/2 的量。

4. 加入整罐糖漬荔枝糖水、半罐切塊荔枝和黑糖，以大火煮滾後，用小火濃縮成 1/3 的量，起鍋前加入些許鹽和無鹽奶油拌勻即可。

5. 湯圓煮好後，撈出放入冷水中降溫 1 分鐘後，取出瀝乾。

6. 在盤上先舀入適量的黑糖醬汁，再放上湯圓，淋上鮮奶油和核果，並以薄荷葉裝飾即成。

附錄：推薦我的廚房好用家私

廚房是我們每天工作的地方，所要使用的家俬五花八門，如今在台灣血拼廚房用品真的是比過去容易，駕馭廚房事務已非難事。

相信喜愛在廚房裡玩樂的朋友們，都跟我一樣有著一大堆有用沒用的家當，也一定常常為了買到不對又不好用的家私懊惱又生氣，留也不是丟又可惜。所以現在買東西時，總是習慣性的上網搜羅資訊，比較相關商品的總類、品牌，和消費者評價。我常常對朋友們開玩笑的說，不善煮也不講究吃的德國人，卻能製造出世界一流的廚房設備和精美餐具和用品，不合邏輯的可笑吧。

以下針對幾款我個人十分喜愛的廚房用具，分享大家。希望有了好的廚房器具，讓大家料理時輕鬆又有效率，從此能更樂於做料理。

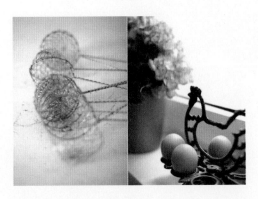

1

▌ 1. 廚刀

自從有了這兩把令人稱羨的廚刀後，
我在廚房工作時輕鬆又有好心情，用
這兩把 Nesmuk 大展廚藝。

Nesmuk 的刀身設計優美質感又好，
輕巧到遊刃有餘。有著黑色塗層的
Janus 系列，是一般所稱的主廚刀，經
過五十道的步驟，從塗層打磨鑲嵌一
氣呵成。刀鋒犀利銳度持久，尤其喜
歡有五千年歷史的沼澤木握把，稀有
特殊具話題性。而 Soul 的 Slicer 刀款，
則適用在切刨片的功能上，當我們需
要把食物細切片薄時，往往費力又費
神，而 Slicer 的刀片輕、薄、鋒利，
搞定這等麻煩事是易如反掌。

因緣際會下與世界最頂級德國廚刀相
遇，是我的幸運！乍聽一把廚刀最
低要價一萬六千元台幣，最尊崇華貴
者則需八萬歐元（大約三百二十萬台

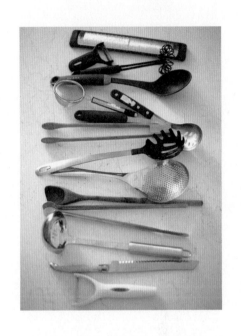

幣），相信你們必跟我一樣瞠目結舌
外，更想了解何以如此尊貴？

說來有趣的故事是創辦人 Walter Grave
和 Alexander Tonn 是知名專業攝影和
設計師，精彩的人生際遇也讓人津津
樂道。有著兩米身高氣質溫文優雅的
Grave 先生，在一次展會上巧遇了現
在的鑄刀師，這位有志難伸的鑄刀師，
感歎大半生以來空有好手藝卻發不了

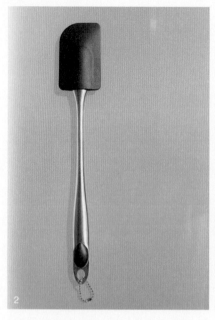

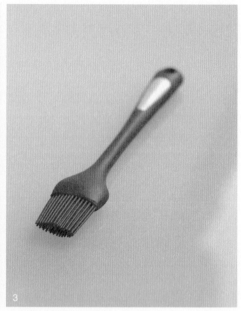

財。而這天,伯樂和千里馬終於相遇,不但互相賞識且惺惺相惜,決定共同打造未來。於是 Nesmuk 於六年前誕生,他們憑著專業設計人的創意與智慧,打造出空前的手工鑄刀,形體優美巧如掌中燕,材質的運用和講究皆具話題性,完全集美學與實用於一身。如今 Nesmuk 躍升為當世第一把刀,而這世界最頂級的德國廚刀 Nesmuk 也將前進亞洲。

2. 橡皮刮刀

對酷愛烘焙的我而言,有一個好橡皮刮刀何其重要,使用不良用品的經驗總讓工作時難有好心情。直到現在使用的刮刀,那種感覺只能說:「太讚了!」這把刮刀由橡膠與不鏽鋼組成,輕巧不笨重外,流線的造型握感絕佳,尤其薄又軟的橡膠刮刀,易於隨著盆廓將醬料刮取乾淨,對抹平奶油類更是輕鬆上手,甚至易於清洗。需要小心的是橡膠刮柄較薄,切勿碰觸攪拌刀,或任何易損傷之利器。

3. 迷你矽膠刷

現在矽膠材質的廚房商品非常普遍，設計新穎色彩絢麗，連不下廚的朋友都想買回家炫耀。個人很喜歡這款 Kitchen craft 矽膠刷，不但彈性好，握感佳，尤其前端兩側的內收設計，增強了刷毛的力度和塗刷時的集中度，減少汁液四濺的困擾，也易於清洗和乾燥，延長器具的使用壽命。

4. 削皮器

削皮器好不好用差一點差很多。我家至少有四把不同品牌和款式的削皮器，使用在一般果蔬上的差異可能不大，但若用在削白蘆筍（綠的也一樣）或番茄，那差別可大了（這四把也多因這樣而來）。蘆筍的纖維多易纏繞在刀片上，使用費力外，力道的掌握也很重要，削得太淺，蘆筍入口猶如吃樹皮，削太深不只浪費，還心疼銀兩。

好加在現在有了超好用的番茄削皮器，番茄去皮的工作可不是一件輕鬆事，能把表面光滑的番茄皮薄薄取下的番茄削皮器，刨刀鋒利可將果皮薄削片下，並可左右 45 度角隨著物體弧度轉動，有削鐵如泥的快感。而且體積輕盈，握把設計符合人體工學。加上前鋒的挖勺設計，利於挖除果蔬的蒂頭或壞損部位。是一把事半功倍的好幫手。

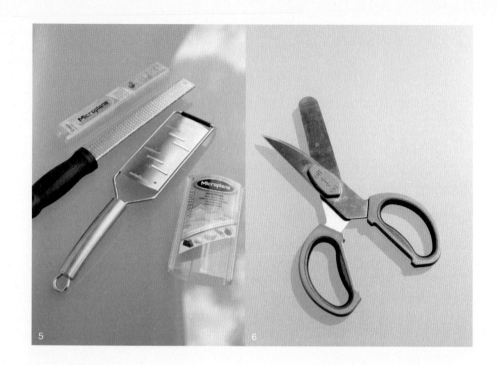

5

6

█ 5. 刨絲器

自從意外的在德國友人家發現了刨絲（末）器後，簡直如獲至寶。讓過去大傷腦筋的刨絲工作迎刃而解。專業又齊全的各種刨削器，針對不同口徑、形狀和使用的材料之不同而設計，任君選擇。優質的不鏽鋼材質讓刨口鋒利，有「撒鹽空中差可擬」的輕鬆感，可以優雅的把過去切絲刨末的麻煩工作清潔溜溜。也是我現在送禮時的高人氣禮物之一。

█ 6. 刨鱗器與魚鰓鰭剪

在海島國家長大的我自是對海鮮料理情有獨鍾。在台灣買魚鮮的售後服務是有目共睹的，從去鱗除鰓清除內臟到分裝一點也不必擔心。但在歐洲吃魚鮮非但不易且價格高昂，可謂奢侈消費之一。除非買了加入手續費的修清魚柳，否則整尾魚的處理工作就只能仰仗自己的雙手了。因此買一把好用的利剪和刨鱗器是絕對有必要的。這刨鱗器的外型看似一般的削皮器，不同的是帶有齒狀的刀片，易於刮下魚鱗片。而利剪的刀刃採不一長短，

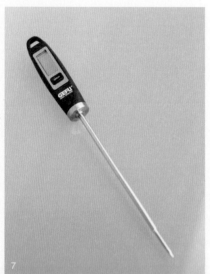

7

其中一刃較短且尖利，方便將魚鰓和魚鱗剪下。縱然如此我仍然懷念台灣的服務，只要享受吃魚就好真是幸福！

▌ 7. 烹調型溫度計

講究烹調的朋友們多半會有廚房的溫度計，如烤箱溫度計、生熟度溫度計或糖度計等。許多食譜書上尤會明確標示當下食物需有的正確溫度，和煎烤肉類時的生熟度測試，這時溫度計就正好派上用場了，體積小巧收納容易，使用清洗都方便，掌握廚房工作易於反掌。

▌ 8. 小型攪拌器

要切碎小份食材或製作小分量的醬料，小型攪拌器是廚房不可少的器具之一，我比較過各品牌選擇。這個高瘦的設計造型美觀易拿取又不占空間，尤其這最新款式，以兩層不同高

8

度的四刀片設計最是厲害，完全解決
了攪打後材料飛散上沿或阻塞在底部
的困擾，好用之處一按下開關的同時
就感受得到，而且還附有精緻的防滑
底座，方便拆卸易於清洗。

▌ 9. 半專業刨片機

最近新購的刨片機讓我愛不釋手。以
目前工作所需用不著專業級品質，價
格高、體積大又笨重，不適於一般家
庭的使用。但若購買一般家用型商品，
頂多刨些乳酪火腿等物，對我不時供
給的生肉冷盤類則又完全無法勝任。
所以買一台兩全其美的刨片機是我的
目標。

我們花了些心思上網研究了好些產
品，為了眼見為憑，最後乾脆親自走
一趟專業賣場，直接比較商品優異實
際得多。在專業人員的協助分析下，
我買下了這台不論價格、造型、體積

重量，尤其是馬達和刀片的強度和鋒
利等，都完全符合我需要的半專業刨
片機，有了它的幫助，做起事來自然
事半功倍，開心極了。

國家圖書館預行編目資料

留味東柏林 : 從台灣到德國，串連全世界的隱藏美味 / Phoebe
Wang著. -- 初版. -- 臺北市 : 大塊文化, 2014.09　面 ; 　公分.
-- (catch ; 208)

ISBN 978-986-213-538-9(平裝)
1.飲食 2.旅遊文學 3.文集

427.07　　　　　　　　　　　　　　　103012477

LOCUS

LOCUS